高等院校理工科类大学物理系列教材

UNIVERSITY PHYSICS

大学物理实验

主 编》胡 波 罗春霞

副主编》邰宝心 陈 琼 许 晗

华中科技大学出版社
http://www.hustp.com
中国·武汉

内 容 简 介

本书是根据教育部高等学校非物理类专业物理基础课程教学指导分委员会最新制定的《非物理类理工学科大学物理课程教学基本要求(正式报告稿)》编写而成的。书中包括了基本要求中的所有核心内容,涵盖测量、力学热学实验、电磁学实验、光学实验、综合设计性实验等内容,共 32 个实验。

本书可作为高等学校理工科非物理专业的教材,也可供文科及专科的相关专业选用及物理爱好者阅读。

图书在版编目(CIP)数据

大学物理实验/胡波,罗春霞主编. —武汉:华中科技大学出版社,2020.8(2023.1 重印)
ISBN 978-7-5680-6071-4

Ⅰ.①大… Ⅱ.①胡… ②罗… Ⅲ.①物理学-实验-高等学校-教材 Ⅳ.①O4-33

中国版本图书馆 CIP 数据核字(2020)第 160026 号

大学物理实验
Daxue Wuli Shiyan

胡　波　罗春霞　主编

策划编辑:张　毅
责任编辑:刘　静
责任校对:阮　敏
封面设计:孢　子
责任监印:朱　玢
出版发行:华中科技大学出版社(中国·武汉)　　电话:(027)81321913
　　　　　武汉市东湖新技术开发区华工科技园　　邮编:430223
录　　排:武汉市洪山区佳年华文印部
印　　刷:武汉科源印刷设计有限公司
开　　本:787mm×1092mm　1/16
印　　张:11
字　　数:282 千字
版　　次:2023 年 1 月第 1 版第 2 次印刷
定　　价:32.80 元

▶ 前言

    大学物理实验是面向理工科各专业本科生的重要基础课之一，是大学生进入大学后最早接受的关于实验方法和实验技能的系统训练，它对人才培养有着不可替代的关键作用。对本课程的学习，有利于培养学生观察、分析、发现和解决问题的能力，提升学生的实验技能，培养学生的科学思维和创新精神。

    教材是教学工作的基本要素之一，而高质量的教材是提高教学质量的基本要素，使用合适的教材能够提高课堂的教学效果和质量。本书是根据《非物理类理工学科大学物理课程教学基本要求（正式报告稿）》，并结合当前物理实验教学改革的实际编写而成的。本书以加强实践教学为宗旨，以培养学生的实际动手能力和操作技能、引导学生的创新思维、理论联系实际为目的，针对不同专业，结合各专业的特点，选取不同的实验，以便更好地加强专业基础的技能操作，充分显示学生动手能力的优势。

    本书内容包括误差和数据处理、力学、热学、电磁学、光学和综合设计性实验等32个实验项目。按照24学时的教学计划，并结合各专业的特点，每个学生可以完成8个实验。

    本书由胡波和罗春霞任主编，由邰宝心、陈琼和许晗任副主编。此外，在编写过程中得到了张柏顺、徐扬子等教师的支持，他们对本书的编写提出了许多宝贵的意见和建议，在此表示由衷的感谢。

    本书的编写参考了一些院校的实验教材，在此向这些教材的作者表示感谢。由于编者水平有限，书中不足之处在所难免，恳请读者批评指正。

编 者

2020 年 1 月

▶ 目录 ▶▶ ▶

绪　　论

物理学是一门实验科学。物理概念的建立和物理规律的发现都以严格的实验为基础,并且不断受到实验的检验。物理学研究的对象又是物质世界中最普遍、最基本的运动形式。因此,作为一门系统地进行实验技术训练的实验课,物理实验有着丰富而广泛的内容,是高等学校学生进行科学实验基本训练的必修基础课程,在培养学生的科学实验能力的全过程中,起着重要的基础作用。

一、物理实验课的目的和任务

(1) 通过对实验现象的观察分析和对物理量的测量,使学生掌握物理实验的基本知识、基本方法和基本技能,同时加深对基本物理概念和基本物理定律的认识和理解。

(2) 培养和提高学生的科学实验能力。要求学生通过阅读实验教材或参考资料,理解实验内容;借助教材和仪器说明书,正确调整和使用基本实验仪器;对于实验现象和实验中遇到的问题,能够运用新学理论知识进行初步的分析、判断和解决;正确记录和处理实验数据,判断和分析实验结果,撰写合格的实验报告。

(3) 培养学生理论联系实际和实事求是的科学作风,严肃认真的工作态度,主动进取的探索精神,遵守纪律、团结协作、爱护公物的优良品德。

二、物理实验课的教学要求

物理实验课是独立的一门课,它是在教师的指导下,学生独立进行的学习过程。为了做好每次实验,达到实验课程教学的目的和要求,实验课分为课前预习、课堂实验和书写实验报告三个基本环节。

1. 课前预习

由于课堂实验的时间有限,为了提高实验课质量,学生在进行课堂实验前必须认真阅读实验教材,明确本次实验的目的,了解实验原理和方法,弄清要测量哪些物理量,哪些物理量是直接测量量,哪些物理量是间接测量量,用什么方法和仪器测量,在此基础上写出预习报告。预习报告的内容包括实验目的、实验仪器、相关实验原理图和计算公式、主要实验步骤及实验注意事项,同时设计好数据记录表格。

2. 课堂实验

课堂实验是实验课的重要环节,学生进入实验室后应按下列要求进行实验。

(1) 认真听取教师对本实验的要求、重点、难点和注意事项的讲解;对照仪器,仔细阅读有关仪器的使用说明和操作注意事项(在熟悉以上内容之前不可随意摆弄实验设备)。

(2) 进行实验设备的安装与调整、电路连接。

(3) 按实验步骤进行实验,实验中要细心操作,注意观察。实验应独立完成,当多人合做一个实验时,应注意团队精神及分工合作,人人动手,不要一人包办代替。电磁学实验中,在连接电路前,应考虑仪器设备的合理摆放,电路连接好后,请教师检查,确定电路连接正确无误后方可接通电源进行实验。观察实验现象及数据应认真仔细,遇到问题时应冷静地分析和处理;仪器发生故障时,也要在教师的指导下学习排除故障的方法。在实验中有意识地培养自己的独立工作能力。

(4)做好实验记录。记录是实验的一个基本技能,记录必须清楚、真实、完整、正确。实验记录必须符合记录规范,不可以用铅笔做记录或随意涂改记录。不得抄袭或随意修改测量数据,如果确实记错了,应轻轻地画上一道,在旁边写上正确值。一个好的实验结果是经过反复实验得到的,对已经测量的实验数据应认真地进行自查。认为没有问题时,再将实验记录交教师审查,并由教师签名认可。在实验记录未获得教师的审查认可前,切勿拆除实验装置。

3. 书写实验报告

书写实验报告是对实验全过程总结和深入理解的一个环节,应独立完成,要求字体工整,文理通顺,图表规矩,结论明确,逐步培养以书面形式分析总结科学实验结果的能力。实验报告应包括以下内容。

(1)实验名称、实验者姓名、实验日期。

(2)实验目的。

(3)实验原理。对实验所依据的理论做简要叙述,并附基本的公式和原理图(包括电路图或光路图)。

(4)实验仪器(标明仪器的型号和编号)。

(5)实验步骤(自己的实际操作过程)。

(6)数据记录与处理。将原始数据转记于报告上(原始记录也应附在报告上,以便教师检查);对实验数据进行误差分析,求出实验结果。

(7)实验结果讨论。对实验中观察到的现象、误差来源、实验中存在的问题进行讨论与分析,并回答实验思考题等。也可对实验本身的设计思想、实验仪器的改进等提出建设性意见。

三、物理实验守则

为了完成好物理实验课的任务,取得良好的学习效果,学生应认真遵守以下实验室规则。

(1)上课时必须带来课前准备好的预习报告和数据记录表格,经教师检查后方可进行实验,否则不能参加该次实验。

(2)因故不能做实验者,应向指导教师请假;无正当理由迟到 15 min 者扣分;超半小时者,教师将取消其本次实验资格。

(3)遵守课堂纪律,保持安静的实验环境。

(4)使用电源时,必须经教师检查线路并许可后,才能接通电源。

(5)爱护仪器。实验中按仪器说明书使用仪器,违反使用说明造成仪器损坏的应照价赔偿。

(6)实验报告应在实验一周内集体送交实验室。

(7)只有全部完成教学计划规定的所有项目,才能参加本课程期末考核。

第一章 测量误差、不确定度及数据处理的基础知识

物理实验离不开物理量的测量,由于测量仪器、测量方法、测量条件、测量人员等因素的限制,对物理量的测量不可能是无限精确的,即测量中的误差是不可避免的。没有测量误差的基本知识,就不可能获得正确的测量值;不会计算测量结果的不确定度,就不能正确表达和评价测量结果;不会处理数据或处理数据方法不当,就得不到正确的实验结果。由此可见,测量误差、不确定度与数据处理的基本知识在整个实验中占有非常重要的地位。本章从实验教学的角度出发,主要介绍误差和不确定度的基本概念、测量结果不确定度的计算、实验数据处理和实验结果表达等方面的基本知识。这些知识不仅在每个物理实验中要用到,对于今后从事科学实验也是必须了解和掌握的。由于这部分内容涉及面较广,深入的讨论需要有丰富的实践经验和较多的数学知识,因此不能指望通过一两次学习就完全掌握。我们要求实验者首先对提到的问题有初步的了解,以后结合每一个具体实验再仔细阅读有关内容,通过实际运用逐步加以掌握。

误差分析、不确定度计算以及数据处理贯穿实验的全过程,表现在实验前的实验设计与论证,实验进行过程中的控制与监视,实验结束后的数据处理和结果分析。通过对本章的学习和在今后各个实验中的运用,应达到以下要求。

(1)建立误差和不确定度的概念,正确估算不确定度,懂得如何正确完整地表示实验测量结果。

(2)掌握有效数字的概念及运算规则,了解有效数字与不确定度的关系。

(3)了解系统误差对测量结果的影响,学习发现某些系统误差、减小系统误差及削弱其影响的方法。

(4)掌握列表法、作图法、逐差法和回归法等常用的数据处理方法。

第一节 测量误差的基本知识

一、测量与误差

物理实验是将自然界物质运动中的物理形态按人们的意愿在实验中再现,找出各物理量之间的关系,确定它们的数值大小,从中获得规律性的认识,或验证理论,或发现规律,或作为实际应用的依据。要得到这种定量化的认识,必须进行测量。为确定被测对象的测量值,首先必须选定一个单位,然后用这个单位与被测对象进行比较,求出它对该单位的比值,这个比值即为数值。显然,数值的大小与所选用的单位有关。因此,表示一个被测对象的测量值时必须包括数值和单位。

1. 直接测量和间接测量

可以用测量仪器或仪表直接读出测量值的测量称为直接测量,相应的物理量称为直接测量量。例如,用米尺测长度,用天平称质量,用电表测电流和电压等都是直接测量。

在实际测量中,许多物理量没有直接测量的仪器,往往需要根据某些原理得出函数关系式,由直接测量量通过数学运算才能获得测量结果。这种测量称为间接测量,相应的物理量称为间接测量量。例如,用单摆测某地重力加速度 g,先直接测得摆长 l 和单摆周期 T,然后由公式 $T=2\pi\sqrt{\dfrac{l}{g}}$ 算出重力加速度,因此 g 为间接测量量。

2. 等精度测量和不等精度测量

如果对某一物理量进行多次重复测量,而且每次测量的条件都相同(同一测量者,同一组仪器,同一种实验方法,温度和湿度等环境也相同),那么我们就没有任何依据可以判断某一次测量一定比另一次更准确,所以每次测量的精度只能认为是具有同等级别的。我们把这样进行的重复测量称为等精度测量。在诸测量条件中,只要有一个发生了变化,这时所进行的测量就称为不等精度测量。一般在进行多次重复测量时,要尽量保持为等精度测量。

3. 测量误差

在一定条件下,任何一个物理量的大小都是客观存在的,都有一个实实在在、不依人的意志为转移的客观量值,称为真值。在测量过程中,我们总希望准确地测得待测量的真值。但是,任何测量总是依据一定的理论和方法,使用一定的仪器,在一定的环境中,由一定的人员进行的。由于实验理论的近似性、实验仪器的灵敏度和分辨能力的局限性、实验环境的不稳定性与人的实验技能和判断能力的影响等,测量值与待测量的真值之间总存在着差异,我们把这种差异称为测量误差。若某物理量的测量值为 x,真值为 A,则测量误差定义为

$$\varepsilon=x-A \tag{1-1-1}$$

式(1-1-1)所定义的测量误差反映了测量值偏离真值的大小和方向,因此又称 ε 为绝对误差。一般来说,真值仅是一个理想的概念,只有通过完善的测量才能获得。但是严格的完善测量难以做到,故真值不能确定。实际测量中,一般只能根据测量值确定测量的最佳值。通常取多次重复测量的平均值作为最佳值。

绝对误差可以表示某一测量结果的优劣,但在比较不同测量结果时不适用,需要用相对误差表示。例如,测量 10 m 长相差 1 mm 与测量 1 m 长相差 1 mm,两者绝对误差相同,而相对误差不同。相对误差定义为

$$相对误差 = \frac{绝对误差}{测量最佳值} \times 100\% \tag{1-1-2}$$

有时被测量有公认值(或理论值),还可用"百分误差"来表示测量结果的优劣。

$$百分误差 = \frac{测量最佳值-公认值}{公认值} \times 100\% \tag{1-1-3}$$

误差存在于一切科学实验和测量过程的始终。在实验的设计、仪器本身的精度、环境条件以及实验数据处理中都可能存在误差,因此分析测量中可能产生的各种误差,尽可能消除其影响,并对最后结果中未能消除的误差做出估计,是物理实验和许多其他科学实验中不可缺少的工作。为此,必须进一步研究误差的性质和来源。

二、误差的分类

误差按其性质和产生原因可分为系统误差、随机误差和粗大误差三类。

1. 系统误差

在一定条件下，对同一物理量进行多次重复测量时，误差的大小和符号均保持不变；而当条件改变时，误差按某种确定的规律变化（如递增、递减、周期性变化等），则称这类误差为系统误差。

1）系统误差的来源

（1）仪器的结构和标准不完善或使用不当引起的误差。例如，天平不等臂、分光计读数装置偏心、电表的示值与实际值不符等属于仪器缺陷，在使用时可采用适当测量方法加以消除。仪器设备安装调整不妥，不满足规定的使用要求，如不水平、不垂直、偏心、零点不准等使用不当的情况应尽量避免。

（2）理论或方法误差。它是由测量所依据的理论公式近似或实验条件达不到理论公式所规定的要求等引起的。例如，单摆测重力加速度时所用公式的近似性，伏安法测电阻时不考虑电表内阻的影响等。

（3）环境误差。它是由于外部环境（如温度、湿度、光照等）与仪器要求的环境条件不一致而引起的误差。

（4）实验人员的生理或心理特点所造成的误差。例如，用停表记时时总是超前或滞后，对仪表读数时总是斜视等。

2）系统误差的分类

系统误差按对其掌握的程度可分为已定系统误差和未定系统误差。

（1）已定系统误差。已定系统误差是指在一定的条件下，采用一定的方法，对误差取值的变化规律及其大小和符号都确切掌握的系统误差。已定系统误差一经发现，在测量结果中可以修正，如螺旋测微器的零点修正。

（2）未定系统误差。未定系统误差是指不确切掌握误差取值的变化规律及其大小和符号，而仅知最大误差范围（或极限误差）的系统误差。例如，仪表的基本允许误差主要属于未定系统误差。

系统误差按其表现的规律可分为定值系统误差和变值系统误差。

（1）定值系统误差。在测量过程中，这种误差的大小和符号恒定不变。例如，螺旋测微器没有进行零点修正，天平砝码的标称值不准确等。

（2）变值系统误差。在测量过程中，这种误差呈现规律性变化。在测量过程中，有的变值系统误差可能随时间而变，有的变值系统误差可能随位置变化。例如，分光计刻盘中心与望远镜转轴中心不重合，存在偏心差所造成的读数误差就是一种呈周期性变化的变值系统误差。

系统误差产生的原因往往可知或能掌握，一经查明就应设法消除其影响。对未能消除的系统误差，若它的符号和大小是确定的，则可对测量值加以修正；若它的符号和大小都是不确定的，则可设法减小其影响并估计出误差范围。

2. 随机误差

在测量过程中，即使系统误差得以消除，在相同条件下重复测量同一物理量时，仍然不会得到完全相同的结果，其测量值分散在一定的范围内，所得误差时正时负，绝对值时大时小，既不

5

能预测,也无法控制,呈现无规则的起伏。这类误差称为随机误差。

随机误差一方面是由测量过程中一些随机的未能控制的可变因素或不确定的因素引起的。例如:人的感官灵敏度以及仪器精密度的限制,使平衡点确定不准或估读数有起伏;由于周围环境干扰而导致读数的微小变化,以及随测量而来的其他不可预测的随机因素的影响等。另一方面是由被测对象本身的不稳定性引起的。例如,加工零件或被测样品本身存在微小的差异,这时被测量就没有明确的定义值,这也是引起随机误差的一个原因。

随机误差就个体而言是不确定的,但它总体(大量个体的总和)服从一定的统计规律,因此可以用统计方法估算其对测量结果的影响。

3. 粗大误差

明显地歪曲了测量结果的误差称为粗大误差。它是由实验者使用仪器的方法不正确,粗心大意读错、记错、算错测量数据或实验条件突变等原因造成的。含有粗大误差的测量值称为坏值或异常值,正确的结果中不应包含过失错误。在实验测量中要极力避免过失错误,在数据处理中要尽量剔除坏值。

三、随机误差的分布规律与特性

随机误差的出现,就某一测量值来说是没有规律的,其大小和方向都是不能预知的,但对同一物理量进行多次重复测量时发现,随机误差的出现服从某种统计规律。

随机误差的分布有多种,不同的分布有不同形式的分布函数,但无论是哪一种分布形式,一般都有两个重要的参数,即平均值和标准偏差。

1. 正态分布规律

理论和实践都证明,大多数随机误差服从正态分布(高斯分布)规律。下面简要讨论正态分布的特点及特性参量。

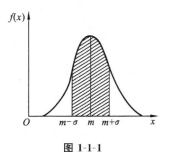

图 1-1-1

标准化的正态分布曲线如图 1-1-1 所示。图中横坐标 x 表示某一物理量的测量值,纵坐标表示测量值的概率密度 $f(x)$。

$$f(x) = \frac{1}{\sigma\sqrt{2\pi}} e^{-(x-m)^2/\sigma^2}$$

式中:

$$m = \lim_{n \to \infty} \frac{\sum\limits_{i=1}^{n} x_i}{n}$$

m 称为总体平均值;

$$\sigma = \lim_{n \to \infty} \sqrt{\frac{\sum\limits_{i=1}^{n}(x_i - m)^2}{n}}$$

σ 称为正态分布的标准偏差,是表征测量分散性的一个重要参量。

从曲线上看,曲线峰值处的横坐标相应于测量次数 $n \to \infty$ 时的测量平均值,即总体平均值 m,横坐标上任一点 x_i 到 m 的距离 $(x_i - m)$ 即为测量值 x_i 的随机误差分量。标准偏差 σ 为曲线上拐点处的横坐标与 m 值之差。这条曲线是概率密度分布曲线。曲线与 x 轴间的面积为 1,可以用来表示随机误差在一定范围内的概率。图 1-1-1 中阴影部分的面积就是随机误差在 $\pm \sigma$

范围内的概率,即测量值落在$(m-\sigma,m+\sigma)$区间内的概率 p 由定积分计算得出,其值为 $p=68.3\%$。如果将区间扩大到 2 倍,则 x 落在$(m-2\sigma,m+2\sigma)$区间中的概率为 95.4%;如果将区间扩大到 3 倍,则 x 落在$(m-3\sigma,m+3\sigma)$区间中的概率为 99.7%。

服从正态分布的随机误差有以下特征。

(1) 单峰性。绝对值小的误差比绝对值大的误差出现的概率大。

(2) 对称性。绝对值相等的正误差和负误差出现的概率相等。

(3) 有界性。绝对值很大的误差出现的概率近于零。

(4) 抵偿性。随机误差的算术平均值随着测量次数的增加而趋近于零。

2. 残差、偏差和误差

在图 1-1-2 所示的随机误差分布曲线中,x_0 是被测量的真值,m 是总体平均值,$\bar{x}$ 是有限次测量的平均值,x_i是单次测得值。

残差:单次测得值 x_i 与测量平均值 $\bar{x}$ 之差,即

$$\Delta x_i = x_i - \bar{x} \quad (i=1,2,\cdots,n)$$

偏差:单次测得值 x_i 与总体平均值 m 之差。偏差就是随机误差(分量)。当系统误差为零时,偏差才是误差。

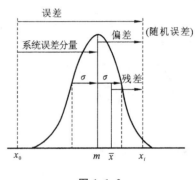

图 1-1-2

误差:单次测得值 x_i 与被测量真值 x_0 之差。

3. σ、S 和 S_x

1) 总体标准偏差 σ

不考虑系统误差分量时,σ 称为标准误差。σ 不是测量值中任意一个具体测量值的随机误差。σ 的大小只说明在一定条件下等精度测量列随机误差的概率分布情况。在该条件下,任一单次测量值的随机误差一般都不等于 σ,但认为这一系列测量中所有测量值都属于同一个标准偏差 σ 的概率分布。在不同条件下,对同一被测量进行两个系列的等精度测量,其标准偏差 σ 也不相同。我们已经知道:

$$\sigma = \lim_{n\to\infty} \sqrt{\frac{\sum\limits_{i=1}^{n}(x_i-m)^2}{n}} \tag{1-1-4}$$

式中,m 为 $n\to\infty$ 时的总体平均值。不考虑系统误差分量时,它就是真值。由于实验中不可能出现 $n\to\infty$,故 m 是一个理想值。因此 σ 也是一个理论值。所谓置信概率 p 为 68.3% 也是一个理论值。

2) 有限次测量时,单次测得值的标准偏差 S(或 S_x)

由于实验中测量次数总是有限的,在大学物理实验中,通常取 $5\leqslant n\leqslant 10$,因此我们实际应用的都是这些情况下的单次测得值的标准偏差公式,即贝塞尔公式:

$$S = \sqrt{\frac{\sum\limits_{i=1}^{n}(x_i-\bar{x})^2}{n-1}} \tag{1-1-5}$$

S 是从有限次测量中计算出来的总体标准偏差 σ 的最佳估计值,称为实验标准偏差。它表征对同一被测量做 n 次有限测量时,其结果的分散程度。其相应的置信概率接近 68.3%,但不等于 68.3%。

3）算术平均值 $\bar{x}$ 的标准偏差 $S_{\bar{x}}$

如果在相同条件下,对同一量做多组重复的系列测量,则每一系列测量都有一个算术平均值。由于随机误差的存在,两个测量列的算术平均值不相同。它们围绕着被测量的真值(设系统误差分量为零)有一定的分散。此分散说明了算术平均值的不可靠性,而算术平均值的标准偏差 $S_{\bar{x}}$ 是表征同一被测量的各个测量列算术平均值分散性的参数,可作为算术平均值不可靠性的评定标准。$S_{\bar{x}}$ 又称算术平均值的实验标准偏差。可以证明:

$$S_{\bar{x}} = \frac{S}{\sqrt{n}} = \sqrt{\frac{\sum_{i=1}^{n}(x_i - \bar{x})^2}{n(n-1)}} \tag{1-1-6}$$

我们可以这样来理解它:由于算术平均值已经对单次测量的随机误差有一定的抵消,因而这些算术平均值更接近真值,它们的随机误差分布离散小得多,所以平均值的标准偏差要比单次测量值的标准偏差小得多。

四、系统误差的处理

在许多情况下,系统误差常常不明显地表现出来,然而它却是影响测量结果精确度的主要因素,有些系统误差会给实验结果带来严重影响。因此,发现系统误差,设法修正、减小或消除它的影响,是误差分析的一项很重要的内容。由于系统误差的处理涉及较深的知识,这里只做简要介绍。

1. 发现系统误差的方法

1）数据分析法

当随机误差比较小时,将待测量的绝对误差按测量次序排列,观察其变化。若绝对误差不是随机变化而呈规律性变化,如线性增大或减小、周期性变化等,则测量中一定存在系统误差。

2）理论分析法

分析实验依据的理论公式所要求的条件在实验测量过程中是否得到满足。例如,在气垫导轨实验中,滑块在导轨上的运动因受到周围空气及气垫层的黏滞性摩擦阻力的作用会引起速度减小。如果实验中作为无摩擦的理想情况来处理,就会产生与摩擦力有关的系统误差。

分析仪器要求的使用条件是否得到满足。实验不满足仪器的使用条件时也会产生系统误差。

3）对比法

这种方法主要用于发现固定的系统误差。

（1）实验方法对比。用不同方法测量同一物理量,在随机误差允许的范围内观察结果是否一致。如果不一致,则其中某种方法存在系统误差。

（2）仪器对比。例如,将两块电表接入同一电路,对比两块电表的读数,如果其中一块电表是标准电表,就可得出另一块电表的修正值。

（3）改变测量条件进行对比。例如,电流正向与电流反向读数,在增加砝码过程中与减少砝码过程中读数,观察结果是否一致。

2. 系统误差的消除与修正

任何实验仪器、理论模型、实验条件,都不可能理想到不产生系统误差的程度。对于系统误差,一是进行修正,二是消除其影响。

1)消除产生系统误差的根源

如果能够找到产生系统误差的根源,无论是理论模型、实验仪器还是实验条件,我们都可以使其更完善,从而减小系统误差的影响。

2)用修正值对测量结果进行修正

用标准仪器对测量仪器进行校准,找出修正值或校准曲线,对结果进行修正。对由理论公式的近似造成的误差,找出修正值进行修正。

3)选择适当的测量方法,减小或消除系统误差

(1)交换法。在测量过程中对某些条件(如被测物的位置)进行交换,使产生系统误差的原因对测量结果起相反的作用。例如,为了消除因天平不等臂而产生的系统误差,可将被测物做交换测量。

(2)替换法。保持测量条件不变,选择一个大小适当的已知量(通常是可调的标准量)替代被测量而不引起测量仪器示值的改变,则被测未知量就等于这个已知量。在替代的两次测量中,测量仪器的状态和示值都相同,从而消除了测量过程带来的系统误差。

(3)抵消法。改变测量中的某些条件进行两次测量,使两次测量中误差的大小相等、符号相反,取其平均值作为测量结果以消除系统误差。

此外,“等时距对称观测法”可消除按线性规律变化的变值系统误差,“半周期偶数测量法”可消除周期性变化的变值系统误差。

对于初学者来说,不可能一下子就把系统误差问题弄清楚。本课程只要求初步建立系统误差的概念,并在某些实验中使用一些消除系统误差的方法。

第二节　不确定度的基本概念

一、为什么要引入不确定度

前面我们明确了误差的概念,了解了什么是系统误差、随机误差以及系统误差有已定系统误差和未定系统误差之分。误差是一个理想的概念,它本身就是不确定的。根据误差的定义,由于真值一般不可能准确地知道,因而测量误差也不可能确切获知。既然误差无法按照其定义式精确求出,那么现实可行的办法就是根据测量数据和测量条件进行推算(包括统计推算和其他推算),去求得误差的估计值。显然,由于误差是未知的,因此不应再将任何一个确定的已知值称作误差。误差的估计值或数值指标应采用另一个专门名称,这个名称就是不确定度。

引入不确定度可以对测量结果的准确程度做出科学合理的评价。不确定度愈小,测量结果与真值愈靠近,测量结果愈可靠。不确定度愈大,测量结果与真值的差别愈大,测量的质量愈低,测量结果的可靠性愈差,使用价值也就愈低。

二、不确定度的概念

不确定度是表征测量结果具有分散性的一个参数,它是对被测物理量的真值在某个量值范围内的一个评定。或者说,它表示由于测量误差的存在被测量值不能确定的程度。不确定度反

映了可能存在的误差分布范围,即随机误差分量和未定系统误差分量的联合分布范围。

不确定度一般包含多个分量。这些分量按其数值的评定方法可归并为以下两类。

A 类不确定度:在同一条件下多次重复测量时,由一系列观测结果用统计分析评定的不确定度,用 u_A 表示。

B 类不确定度:用其他方法(非统计分析)评定的不确定度,用 u_B 表示。

上述两类不确定度采用方和根合成:

$$u = \sqrt{u_A^2 + u_B^2} \tag{1-2-1}$$

合成不确定度 u 并非简单地由 u_A 分量和 u_B 分量线性合成或简单相加而成,而是服从"方和根合成"。这是由于决定合成不确定度的两种误差——随机误差和未定系统误差是两个互相独立而不相关的随机变量,它们的取值都具有随机性,因而它们之间具有相互抵偿性的缘故。

三、不确定度与误差的关系

不确定度是在误差理论的基础上发展起来的。不确定度和误差既是两个不同的概念有着根本的区别,但又是相互联系的——都是由测量过程的不完善引起的。

应当指出,不确定度概念的引入并不意味着"误差"一词需放弃使用。实际上,误差仍可用于定性地描述理论和概念的场合。例如,我们没有必要将误差理论改为不确定度理论,或将误差源改为不确定度源;误差仍可按其性质分为随机误差、系统误差等。不确定度用于给出具体数值或进行定量运算、分析的场合。例如,在评定测量结果的准确度和计量器具的精度时,应采用不确定度来表述;进行需要给出具体数字指标的各种不确定度分析时,不宜用"误差分析"一词代替等。还需注意某些术语,如"误差合成"和"不确定度合成","误差分析"和"不确定度分析"等是可以并存的,但应了解其间的区别。在叙述误差的分析方法、合成方法及误差传递的一般原理和公式时,可以保留原来的名称,而在具体计算和表示计算结果时,应改为"不确定度"。总之,凡是涉及具体数值的场合,均应使用"不确定度"来代替"误差",以避免出现对已知值赋予未知量的矛盾。不确定度与误差的关系,可以简单归纳如下。

1. 误差与不确定度是两个不同的概念

如上所述,误差是一个理想的概念。根据传统的误差定义,由于真值一般是未知的,所以测量误差一般也是未知的,是不能准确得知的。因此,一般无法表示测量结果的误差。"标准误差""极限误差"等词,也不是指具体的误差值,而是用来描述误差分布的数值特征、表征与一定置信概率相联系的误差分布范围的。不确定度表示由于测量误差的存在而对被测量值不能确定的程度,反映了可能存在的误差分布范围,表征对被测量的真值所处的量值范围的评定,所以不确定度能更准确地用于测量结果的表示。一定置信概率的不确定度是可以计算出来(或评定)的,其值永远为正值;而误差可能为正,可能为负,可能十分接近零,而且一般是无法计算的。因此可以看出,误差和不确定度是两个不同的概念。

2. 误差和不确定度是互相联系的

误差和不确定度都是由测量过程的不完善引起的,而且不确定度的概念和体系是在误差理论的基础上建立和发展起来的。在估算不确定度时,用到了描述误差分布的一些特征参量,因此两者不是割裂的,也不是对立的。

第三节 直接测量结果与不确定度的估算

一、测量值的最佳值——算术平均值

在相同的条件下,对某物理量 x 进行 n 次等精度测量,其测量值分别为 $x_1, x_2, \cdots, x_n$。设真值为 A,则各次测量值的绝对误差 $\Delta x_i = x_i - A$ 分别为

$$\Delta x_1 = x_1 - A, \quad \Delta x_2 = x_2 - A, \quad \cdots, \quad \Delta x_n = x_n - A$$

也可写成

$$x_1 = A + \Delta x_1, \quad x_2 = A + \Delta x_2, \quad \cdots, \quad x_n = A + \Delta x_n$$

则 n 次测量的算术平均值 $\bar{x}$ 为

$$\bar{x} = \frac{1}{n} \sum_{i=1}^{n} x_i = \frac{1}{n} \sum_{i=1}^{n} (A + \Delta x_i) = A + \frac{1}{n} \sum_{i=1}^{n} \Delta x_i$$

根据误差的抵偿性,当测量次数 $n \to \infty$ 时,有

$$\lim_{n \to \infty} \frac{1}{n} \sum_{i=1}^{n} \Delta x_i = 0$$

故

$$\bar{x} = A$$

若 n 为有限次数,则有

$$\lim_{n \to \infty} \frac{1}{n} \sum_{i=1}^{n} \Delta x_i \approx 0$$

故

$$\bar{x} \approx A$$

由此可见,无限多次等精度测量的算术平均值恰好等于被测量的真值。在实际测量中,测量次数总是有限的,但只要测量次数足够多,算术平均值就是真值的最好近似,是多次测量的最佳值。因此,可以用算术平均值来近似代替真值作为测量结果。

二、直接测量结果不确定度的估算

不确定度的评定是一个比较复杂的问题,其表示形式和合成方法也不止一个类型,而且还在不断研究和发展中。在物理实验教学中,只能采用简化的、具有一定近似性的估算方法。这个方法借鉴了某种工业化国家不确定度评定标准,也符合国家技术规范精神。

这种不确定度的评定方法要求:测量结果表示中一律采用总不确定度 u,即将总不确定度用于测量结果的报告。对于某个被测量 x 的直接测量结果 $x = \bar{x} \pm u$ 表达式,表示真值在区间 $(\bar{x} - u, \bar{x} + u)$ 内的可能性(概率)约等于或大于 95%。实验教学中,"总不确定度"一词有时简称为"不确定度"。

在具体计算时,总不确定度 u 可以分为用统计方法计算的 A 类不确定度 u_A 和用非统计方法估算的 B 类不确定度 u_B。

1. A 类不确定度 u_A

A 类不确定度 u_A 由标准偏差 S 乘以因子 $\left(\dfrac{t}{\sqrt{n}}\right)$ 来求得,即

$$u_A = (t/\sqrt{n})S = t \cdot \frac{S}{\sqrt{n}} = t \cdot S_{\bar{x}}$$

式中, S 是用贝塞尔公式 $S = \sqrt{\dfrac{\sum\limits_{i=1}^{n}(x_i - \bar{x})^2}{n-1}}$ 算出来的标准偏差。这是在随机误差服从或近似服从正态分布的前提下得出的。在实际测量中,测量次数往往在 10 次以下,这时误差分布就具有另外的形式。误差理论指出,对于不同测量次数 n 及置信概率 p,在计算平均值的随机误差时要将标准偏差乘上一个因子 t_p,故得到上述表达式。

在不同置信概率下,不同测量次数下的 t_p 因子如表 1-3-1 所示。

表 1-3-1

n	3	4	5	6	7	8	9	10	∞
$p=0.683$	1.32	1.20	1.14	1.11	1.09	1.08	1.07	1.06	1.00
$p=0.95$	4.30	3.18	2.78	2.57	2.45	2.36	2.31	2.26	1.96
$p=0.99$	9.93	5.84	4.60	4.03	3.71	3.50	3.36	3.25	2.58

因此,在一般情况下,对于多次重复的直接测量,A 类不确定度 u_A 的表达式为

$$u_A = t_p \cdot S_{\bar{x}} = t_p \cdot \frac{S_x}{\sqrt{n}} \tag{1-3-1}$$

针对物理实验一般测量次数 $n<10$ 的具体情况,可将上式进一步简化,假设 $t_p \approx \sqrt{n}$,则

$$u_A = t_p \cdot S_{\bar{x}} = \sqrt{n} \cdot \frac{S_x}{\sqrt{n}} = S_x \tag{1-3-2}$$

这是以后实验中计算 A 类不确定度的依据。当取 $t_p = \sqrt{n}$,且 n 为 6~10 次时,相应的置信概率为 0.942~0.988,与 $p=0.95$ 时的 t_p 值相近。

利用式(1-3-2)计算 A 类不确定度 u_A 非常简单,由于 $u_A = S_x$,而 S_x 就是测量列的标准偏差,在把 n 个测量值 $x_1, x_2, \cdots, x_n$ 输入计算器计算平均值 $\bar{x}$ 的同时按一下"S"键或"σ_{n-1}"键,就可以得出 S_x 值。但必须注意,式(1-3-2)的应用条件是测量次数必须在 6~10 次范围内。

2. B 类不确定度 u_B

B 类不确定度的估计是测量不确定度估算中的难点。由于引起 u_B 分量的误差成分与不确定的系统误差相对应,而不确定的系统误差可能存在于测量过程的各个环节中,因此 u_B 分量通常也是多项的。在 u_B 分量的估算中,要不重复、不遗漏地详尽分析产生 B 类不确定度的来源,尤其是不遗漏那些对测量结果影响较大的或主要的不确定度来源,这就有赖于实验者的学识和经验以及分析判断能力。

由于测量总要使用仪器,仪器生产厂家给出的仪器误差限值或最大误差,实际上就是一种不确定的系统误差,因此仪器误差是引起不确定度的一个基本来源。从物理实验教学的实际出发,我们只要求掌握由仪器误差引起的 B 类不确定度 u_B 的估计方法。

物理实验教学中仪器误差限 Δ_I 一般取仪表、器具的示值误差限或基本误差限。它们可参照国家标准规定的计量仪表、器具的准确度等级或允许误差范围得出,或者由生产厂家的产品说明书给出,或者由实验室结合具体情况,给出 Δ_I 的近似约定值。

例如,电表的误差可分为基本误差和附加误差。电表的附加误差在物理实验中考虑起来比较困难,故我们约定,在实验教学中一般只取基本误差限,因此按下式简化计算 Δ_I:

$$\Delta_I = \frac{k}{100} \times 量程$$

式中,k 为国家标准规定的准确度等级。

仪器误差限 Δ_I 是教学中的一种简化表示,许多计量仪表、器具的误差产生原因及具体误差分量的计算分析,大大超出了本课程的要求范围。在对同一量在相同条件下做多次测量的绝大多数实验中,随机误差限 u_A 显著地小于器具的基本误差限(示值误差限);另一些仪表、器具在实际使用时,很难保证在相同条件下操作,或在规定的正常条件下测量,测量误差除基本误差(或示值误差)外,还包含一些附加误差分量。因此,教学中必须做适当简化。我们约定,在大多数情况下把 Δ_I 直接当作总不确定度的 B 类分量 u_B,即 $u_B \approx \Delta_I$。

因此,在物理实验中,总不确定度 u 用下式计算:

$$u = \sqrt{u_A^2 + u_B^2} = \sqrt{(t_p/\sqrt{n})^2 S_x^2 + \Delta_I^2} \tag{1-3-3}$$

当测量次数为 6~10 次时,上式简化为

$$u = \sqrt{S_x^2 + \Delta_I^2} \tag{1-3-4}$$

3. 单次测量的不确定度

在单次测量中,不能用统计方法求标准偏差,而测量的随机分布特征是客观存在的,不随测量次数的不同而变化。但是,通常在下列情况下,我们认为单次测量的不确定度为仪器误差限 Δ_I:① 直接测量的不确定度对实验结果影响很小;② 已知 $S_x \ll \Delta_I$;③ 对 u 仅做粗略估计。这样,在这三种情况下单次测量的不确定度 $u = \Delta_I$。应当强调的是,这只是一个很近似或粗略的估算方法,并不能由此得出结论:单次测量的不确定度 u 小于多次测量的不确定度 u。

三、直接测量结果的表示

由于测量过程中不可避免地会出现误差,因此测量结果总是存在一定的不确定度,所以一个没有标明不确定度的测量结果是没有科学价值的。前面已经讨论了直接测量量不确定度的估算,现在可以把一个测量结果表示为

$$x = \bar{x} \pm u = \bar{x} \pm \sqrt{S_x^2 + \Delta_I^2} \tag{1-3-5}$$

式中,$\bar{x}$ 是测量值,它可以是单次测量值,也可以是多次测量的算术平均值。u 是绝对不确定度,如果是单次测量,它为仪器误差限 Δ_I;如果是多次测量,它用合成不确定度表示。

需要特别注意的是,测量值取 n 次测量平均值 $\bar{x}$ 后,真值位于区间 $(\bar{x} - u, \bar{x} + u)$ 内的可能性约为 95%,即概率为 95%。换句话说,平均值与真值之差在 $-u$ 和 $+u$ 之间的可能性约为 95%。

测量结果用相对不确定度表示为

$$E_x = \frac{u}{\bar{x}} \times 100\% \tag{1-3-6}$$

这里还需说明:

(1) 由于不确定度本身只是一个估计值,因此,在一般情况下,表示最后结果的不确定度只取一位有效数字,有效数字最多不超过两位。在本课程实验中,绝对不确定度一般取一位有效

数字，相对不确定度一般取两位有效数字。

（2）在科学实验或工程技术中，有时不要求或不可能明确标明测量结果的不确定度，这时常用有效数字粗略表示出测量的不确定度，即测量值有效数字的最后一位表示不确定度的所在位。因此，测量记录时要注意有效数字，不能随意增减。

第四节　间接测量结果与不确定度的估算

在间接测量时，待测量是由直接测量量通过一定函数关系计算而得到的。由于直接测量量存在不确定度，显然由直接测量量经过运算而得到的间接测量量也必然存在不确定度，这就叫不确定度的传递。

设间接测量量 N 是由直接测量量 $x,y,z,\cdots$ 通过函数关系 $N=f(x,y,z,\cdots)$ 计算得到的，其中 $x,y,z,\cdots$ 是彼此独立的直接测量量。设 $x,y,z,\cdots$ 的不确定度分别为 $u_x,u_y,u_z,\cdots$，它们必然影响间接测量结果，使 N 也有相应的不确定度。由于不确定度是微小的量，相当于数学中的"增量"，因此间接测量量不确定度的计算公式与数学中的全微分公式类似。不同之处是：① 要用不确定度 u_x 等代替微分 $\mathrm{d}x$ 等；② 要考虑到不确定度合成的统计性质。于是我们用以下两式来简化计算间接测量量 N 的确定度 u_N；

$$u_N=\sqrt{\left(\frac{\partial N}{\partial x}\right)^2 u_x^2+\left(\frac{\partial N}{\partial y}\right)^2 u_y^2+\left(\frac{\partial N}{\partial z}\right)^2 u_z^2+\cdots} \tag{1-4-1}$$

$$\frac{u_N}{N}=\sqrt{\left(\frac{2\ln N}{\partial x}\right)^2 u_x^2+\left(\frac{2\ln N}{\partial y}\right)^2 u_y^2+\left(\frac{2\ln N}{\partial z}\right)^2 u_z^2+\cdots} \tag{1-4-2}$$

上两式也称不确定度的传递公式，式(1-4-1)适用于和差形式的函数，式(1-4-2)适用于积商形式的函数。

一些常用函数的不确定度传递公式如表 1-4-1 所示。

表 1-4-1

函数表达式	测量不确定度传递公式
$N=x\pm y$	$u_N=\sqrt{u_x^2+u_y^2}$
$N=xy$ 或 $N=\dfrac{x}{y}$	$\dfrac{u_N}{N}=\sqrt{\left(\dfrac{u_x}{x}\right)^2+\left(\dfrac{u_y}{y}\right)^2}$
$N=kx$	$u_N=k\cdot u_x$
$N=x^{\frac{1}{k}}$	$\dfrac{u_N}{N}=\dfrac{1}{k}\cdot\dfrac{u_x}{x}$
$N=\dfrac{x^k y^m}{z^n}$	$\dfrac{u_N}{N}=\sqrt{k^2\left(\dfrac{u_x}{x}\right)^2+m^2\left(\dfrac{u_y}{y}\right)^2+n^2\left(\dfrac{u_z}{z}\right)^2}$
$N=\sin x$	$u_N=|\cos x|\cdot u_x$
$N=\ln x$	$u_N=\dfrac{u_x}{x}$

在应用不确定度传递公式估算间接测量量的不确定度时应注意：

（1）如果函数形式是若干个直接测量量相对加减，则先计算间接测量量的绝对不确定度比较方便。如果函数形式是若干个直接测量量相乘除或连乘除，则先计算间接测量量的相对不确定度比较方便，然后通过公式$\dfrac{u_N}{N}\cdot N$求出绝对不确定度。

（2）如果间接测量中某几个直接测量是单次测量，则直接用单次测量的结果及不确定度代入不确定度传递公式。

间接测量结果的表示方法与直接测量类似，写成以下形式：

$$\begin{cases} N=\overline{N}\pm u_N \\[2mm] E_N=\dfrac{u_N}{N}\times 100\% \end{cases} \tag{1-4-3}$$

式中，$\overline{N}$为间接测量量的最佳值，由各直接测量的最佳值（算术平均值）代入函数关系式求得，u_N由各直接测量量的合成不确定度代入相应的不确定度传递公式求得。间接测量不确定度的取位原则与直接测量不确定度的取位原则一样。

例1　已知质量为$m=(213.04\pm 0.05)$ g的铜圆柱体，用$0\sim 125$ mm、分度值为0.02 mm的游标卡尺测得高度h为80.38 mm、80.37 mm、80.36 mm、80.37 mm、80.36 mm、80.38 mm，用一级$0\sim 25$ mm螺旋测微器测得直径d为19.465 mm、19.466 mm、19.465 mm、19.464 mm、19.467 mm、19.466 mm。求该铜圆柱体的密度。

解　（1）求高度的最佳值及不确定度：

$$\overline{h}=\frac{1}{n}\sum_{i=1}^{n}h_i=80.37 \text{ mm}$$

$$S_h=\sqrt{\frac{\sum_{i=1}^{n}(h_i-\overline{h})^2}{n-1}}=\sqrt{\frac{\sum_{i=1}^{6}(h_i-80.37)^2}{6-1}}=0.008\,9 \text{ mm}$$

游标卡尺示值误差限为0.02 mm，即

$$\Delta_{\mathrm{I}}=0.02 \text{ mm}$$

则h的合成不确定度为

$$u_h=\sqrt{S_h^2+\Delta_{\mathrm{I}}^2}=0.022 \text{ mm}$$

所以　　　　　　　　　　　$h=\overline{h}\pm u_h=(80.37\pm 0.03) \text{ mm}$

（2）求直径的最佳值和不确定度：

$$\overline{d}=\frac{1}{n}\sum_{i=1}^{n}d_i=19.466 \text{ mm}$$

$$S_d=\sqrt{\frac{\sum_{i=1}^{n}(d_i-\overline{d})^2}{n-1}}=\sqrt{\frac{\sum_{i=1}^{n}(d_i-19.466)^2}{6-1}} \text{ mm}=0.001\,2 \text{ mm}$$

一级螺旋测微器的仪器误差限为

$$\Delta_{\mathrm{I}}=0.004 \text{ mm}$$

则d的合成不确定度为

$$u_d=\sqrt{S_d^2+\Delta_{\mathrm{I}}^2}=0.004\,2 \text{ mm}$$

所以

$$d = \bar{d} \pm u_d = (19.466 \pm 0.005) \text{ mm}$$

（3）求密度和总的不确定度：

$$\bar{\rho} = \frac{4m}{\pi \bar{d}^2 \bar{h}} = 8.907 \text{ g/cm}^3$$

$$E_{\rho} = \frac{u_{\rho}}{\bar{\rho}} = \sqrt{\left(\frac{u_m}{m}\right)^2 + \left(2 \times \frac{u_d}{d}\right)^2 + \left(\frac{u_h}{h}\right)^2}$$

$$= \sqrt{\left(\frac{0.05}{213.04}\right)^2 + \left(2 \times \frac{0.004\ 2}{19.466}\right)^2 + \left(\frac{0.022}{80.37}\right)^2}$$

$$= 5.62 \times 10^{-4} = 0.056\%$$

$$u_{\rho} = \bar{\rho} \times E_{\rho} = 8.907 \text{ g/cm}^3 \times 0.056\% = 0.005\ 0 \text{ g/cm}^3$$

所以

$$\rho = \bar{\rho} \pm u_{\rho} = (8.907 \pm 0.005) \text{ g/cm}^3$$

说明：在中间运算过程中各不确定度分量多取了一位，以防止过早舍入造成人为误差的扩大或缩小。

例 2 已知金属圆环的外径 $D_2 = (3.600 \pm 0.004)$ cm，内径 $D_1 = (2.880 \pm 0.004)$ cm，高度 $h = (2.575 \pm 0.004)$ cm，求圆环的体积 V 和不确定度 u_V。

解 圆环体积为

$$V = \frac{\pi}{4}(D_2^2 - D_1^2)h = \frac{\pi}{4} \times (3.600^2 - 2.880^2) \times 2.575 \text{ cm}^3 = 9.436 \text{ cm}^3$$

圆环体积的对数及其微分式为

$$\ln V = \ln \frac{\pi}{4} + \ln(D_2^2 - D_1^2) + \ln h$$

$$\frac{\partial \ln V}{\partial D_2} = \frac{2D_2}{D_2^2 - D_1^2}, \quad \frac{\partial \ln V}{\partial D_1} = -\frac{2D_1}{D_2^2 - D_1^2}, \quad \frac{\partial \ln V}{\partial h} = \frac{1}{h}$$

代入式（1-4-2），则

$$\left(\frac{u_V}{V}\right)^2 = \left(\frac{2D_2}{D_2^2 - D_1^2}\right)^2 u_{D_2}^2 + \left(\frac{2D_1}{D_2^2 - D_1^2}\right)^2 u_{D_1}^2 + \frac{1}{h^2} u_h^2$$

$$= \left(\frac{2 \times 3.600 \times 0.004}{3.600^2 - 2.880^2}\right)^2 + \left(\frac{2 \times 2.880 \times 0.004}{3.600^2 - 2.880^2}\right)^2 + \left(\frac{0.004}{2.575}\right)^2$$

$$= (38.1 + 24.4 + 2.4) \times 10^{-6} = 64.9 \times 10^{-6}$$

因此

$$E_V = \frac{u_V}{V} = (64.9 \times 10^{-6})^{\frac{1}{2}} = 0.008\ 1 = 0.81\%$$

$$u_V = V \cdot \frac{u_V}{V} = 9.436 \times 0.008\ 1 \text{ cm}^3 = 0.076 \text{ cm}^3 = 0.08 \text{ cm}^3$$

故圆环的体积为

$$V = (9.44 \pm 0.08) \text{ cm}^3$$

第五节　有效数字及其运算规则

由于物理测量中总存在误差，因而直接测得量的数值只能是一个近似数并具有某种不确定性,由直接测量量通过计算求得的间接测量量也是一个近似数,而测量不确定度决定了测量值的数字只能是有限位数,不能随意取舍。因此,在物理测量中,必须按照下面介绍的"有效数字"的表示方法和运算规则来正确表达和计算测量结果。

一、测量结果的有效数字

1. 有效数字的定义及其基本性质

任何测量仪器总存在仪器误差,在仪器设计中总应使仪器标尺和最小分度值与仪器误差的数值相适应,使它们基本上保持在同一数位上。由于受到仪器误差的制约,在使用仪器对被测量进行测量读数时,只能读到仪器的最小分度值,然后在最小分度值以下还可再估读一位数字。从仪器刻度读出的最小分度值的整数部分是准确的数字,称为"可靠数字";而在最小分度值以下估读的末位数字,一般也就是仪器误差或相应的仪器不确定度所在的那一位数字,它具有不确定性,其估读会因人而异,通常称为"可疑数字"。据此我们定义:测量结果中所有可靠数字加上末位的可疑数字统称为测量结果的有效数字。有效数字具有以下基本特性。

(1) 有效数字的位数与仪器精度(最小分度值)有关,也与被测量的大小有关。

对于同一被测量,如果使用不同精度的仪器进行测量,则测得的有效数字的位数是不同的。例如,用螺旋测微器(最小分度值 0.01 mm,$\Delta_1 = 0.004$ mm)测量某物体的长度读数为 4.834 mm,其中前三位数字"483"是最小分度值的整数部分,是可靠数字;末位"4"是在最小分度值以下估读的数字,为可疑数字,它与螺旋测微器的 Δ_1 在同一数位上,所以该测量值有四位有效数字。如果改用最小分度值(游标精度)为 0.02 mm 的游标卡尺来测量,其读数为 4.84 mm,测量值就只有三位有效数字。游标卡尺没有估读数字,其末位数字"4"为可疑数字,它与游标卡尺的 $\Delta_1 = 0.02$ mm 也是在同一数位上的。

有效数字的位数还与被测量本身的大小有关。若用同一仪器测量大小不同的被测量,有效数字的位数也不相同。被测量越大,测得结果的有效数字的位数也就越多。

(2) 有效数字的位数与小数点的位置无关,单位换算时有效数字的位数不应发生变化。

例如,重力加速度 980 cm/s^2、9.80 m/s^2 或 0.009 80 km/s^2 都是三位有效数字。也就是说,采用不同单位时,小数点的位置移动使测量值的数值大小不同,但测量值的有效数字的位数不变。必须注意:用以表示小数点位置的"0"不是有效数字,"0"在数字中间或数字后面都是有效数字,不能随意增减。

2. 有效数字与不确定度的关系

前面已讨论过,有效数字的末位是估读数字,存在不确定性。在我们规定绝对不确定度的有效数字只取一位时,对于任何测量结果,其数值的最后一位应与绝对不确定度所在的那一位对齐。例如,在上节计算圆环体积的例子中,$V = (9.44 \pm 0.08)$ cm^3,测量值的末位"4"刚好与不确定度0.08的"8"对齐,写成 $V = (9.436 \pm 0.08)$ cm^3 或 $V = (9.44 \pm 0.076)$ cm^3 都是错误的。

由于有效数字的最后一位是不确定度所在位,因此有效数字或有效位数在一定程度上反映了测量值的不确定度(或误差限值)。测量值的有效数字的位数越多,测量的相对不确定度越小;测量值的有效数字的位数越少,测量的相对不确定度就越大。一般来说,两位有效数字对应于 $10^{-2} \sim 10^{-1}$ 的相对不确定度;三位有效数字对应于 $10^{-3} \sim 10^{-2}$ 的相对不确定度,依次类推。可见,有效数字可以粗略地反映测量结果的不确定度。

3. 数值的科学表示法

由于单位选取不同,测量值的数值有时会出现很大或很小但有效数字的位数又不多的情况,这时数值大小与有效位数就可能发生矛盾。例如,138 cm＝1.38 m 是正确的,若写成 138 cm＝1 380 mm 则是错误的。为了解决这个矛盾,通常采用科学表示法,即用有效数字乘以 10 的幂指数的形式来表示。例如,138 cm＝1.38×10^3 mm,9.80 m/s^2＝9.80×10^{-3} km/s^2。又例如,某人测得真空中的光速为 299 700 km/s,不确定度为 300 km/s,这个结果写成(299 700±300) km/s 显然是不妥的,应写成$(2.997 \pm 0.003) \times 10^5$ km/s,表示不确定度取一位,测量值的有效数字为四位,测量值的最后一位与不确定度对齐。

二、有效数字的运算规则

间接测量量是由直接测量量经过一定函数关系计算出来的,而各直接测量量的大小和有效数字的位数一般都不相同,这就使计算过程变得繁复,计算结果可能出现冗长的不合理的数字位数。此外,间接测量结果的不确定度也是由各直接测量结果的不确定度通过不确定度传递公式求出来的,计算中也会出现类似的情况。

为了简化运算过程,在进行运算以前,对各直接测量量的有效数字需要进行适当的取位和数值的舍入修约,这就必须建立并遵守一定的数值舍入规则和有效数字运算规则。数字的修约、变换、运算基本上不应增大测量值最后结果的不确定度,这是一条基本原则。

1. 数值的舍入修约规则

测量值的数字的舍入,首先要确定需要保留的有效数字和位数,保留数字的位数确定以后,后面多余的数字就应予以舍入修约,其规则如下。

(1) 拟舍弃数字的最左一位数字小于 5 时,则舍去,即保留的各位数字不变。

(2) 拟舍弃数字的最左一位数字大于 5,或者是 5 而其后跟有并非 0 的数字时,则进一,即保留的末位数字加 1。

(3) 拟舍弃数字的最左一位数字为 5,而右边无数字或皆为 0 时,若所保留的末位数字为奇数则进一,为偶数或 0 则舍弃,即"单进双不进"。

上述规则也称数字修约的偶数规则,即"四舍六入五凑偶"规则。

根据上述规则,要将下列各数据保留四位有效数字,舍入后的数据为

$$3.141\ 59 \rightarrow 3.142; \qquad 2.717\ 29 \rightarrow 2.717$$
$$4.510\ 50 \rightarrow 4.510; \qquad 3.215\ 50 \rightarrow 3.216$$
$$6.378\ 501 \rightarrow 6.379; \qquad 7.691\ 499 \rightarrow 7.691$$

对于测量结果的不确定度的有效数字,本课程规定采取只进不舍的规则。例如,第四节的例 1 中,直径的不确定度计算结果为 0.004 2 mm,结果表示中 u_p＝0.005 mm。这里就采用了进位法。

2. 有效数字的运算规则

1) 加减法

设 $N＝x＋y＋z$,运算过程如下。

(1) 计算绝对不确定度,不确定度在运算过程中取两位,最后取一位。

(2) 计算 N,各分量位数取到和不确定度所在位相同或比不确定度所在位低一位。

（3）用绝对不确定度决定最后结果的有效数字。

例 1　求 $N=A+B-C$。其中 $A=(98.7\pm0.3)\,\mathrm{cm}$，$B=(6.238\pm0.006)\,\mathrm{cm}$，$C=(14.36\pm0.08)\,\mathrm{cm}$。

解　（1）$u_N=\sqrt{u_A^2+u_B^2+u_C^2}$，由于 u_B 远小于 u_A 和 u_C，故在方和根合成时，u_B 可忽略，所以

$$u_N=\sqrt{u_A^2+u_C^2}=\sqrt{0.3^2+0.08^2}\ \mathrm{cm}=0.31\ \mathrm{cm}=0.4\ \mathrm{cm}$$

（2）　　　　　$N=A+B-C=98.7\ \mathrm{cm}+6.24\ \mathrm{cm}-14.36\ \mathrm{cm}=90.58\ \mathrm{cm}$

因为不确定度在小数点后第一位上，故运算时各分量保留到小数点后第一位或第二位，N 也暂多保留一位。

（3）　　　　　　　　　　$N=(90.6\pm0.4)\ \mathrm{cm}$

如果各分量没有标明不确定度，则加减法的运算以各分量中估计位最高的，即绝对不确定度最大的分量为准，其他各分量在运算过程中保留到它下面一位，最后与它对齐。

上例中，A 分量的估计位最高，以它为准，其他各分量比它多保留一位。

$$N=98.7\ \mathrm{cm}+6.24\ \mathrm{cm}-14.36\ \mathrm{cm}=90.58\ \mathrm{cm}$$

最后与 A 分量的位数对齐，所以结果为 $N=90.6\ \mathrm{cm}$。

2）乘除法

设 $N=xyz$，运算过程如下。

（1）以有效位数最少的分量为准，将各分量（包括常数）的有效数字取到比它多一位，计算 N，结果也暂多保留一位。

（2）计算不确定度。

（3）由绝对不确定度决定结果的有效数字位数。

例 2　求 $D=\dfrac{g}{4\pi^2}RT^2$，其中：$R=(83.75\pm0.04)\times10^{-3}\ \mathrm{m}$，$T=(1.24\pm0.01)\ \mathrm{s}$，$g=9.794\ \mathrm{m/s^2}$。

解　（1）各分量中，T 的有效数字最少（三位），以它为准，R，g，π 都取四位，结果先保留四位。

$$D=\frac{g}{4\pi^2}RT^2=\frac{9.794\times83.75\times10^{-3}\times(1.24)^2}{4\times(3.142)^2}\ \mathrm{m^2}=31.94\times10^{-3}\ \mathrm{m^2}$$

（2）计算不确定度，应用不确定度传递公式：

$$\frac{u_D}{D}=\sqrt{\left(\frac{u_R}{R}\right)^2+2^2\times\left(\frac{u_T}{T}\right)^2}=\sqrt{\left(\frac{0.04}{83.75}\right)^2+4\times\left(\frac{0.01}{1.24}\right)^2}=0.017$$

$$u_D=D\times\frac{u_D}{D}=31.94\times10^{-3}\times0.017\ \mathrm{m^2}=0.54\times10^{-3}\ \mathrm{m^2}=0.6\times10^{-3}\ \mathrm{m^2}$$

（3）结果为

$$D=(31.9\pm0.6)\times10^{-3}\ \mathrm{m^2}$$

当测量数据没有给出不确定度时，计算同（1）。结果的有效数字位数一般取与各分量中有效数字位数最少者相同。

在运算中，会遇到一些物理常数和纯数学数字（如 $\sqrt{2}$，π 等），它们不影响运算结果的有效数字位数。

3. 函数运算的有效数字取值

对某一函数进行运算时,可以用微分方法求出该函数的误差公式,再将直接测量值的不确定度代入公式,以确定函数的有效位数。若直接测量值没有标明不确定度,则在直接测量值的最后一位数取 1 作为不确定度代入公式。

下面举例说明上述函数运算的有效数字取位方法。

例 3 已知 $x=25.4$,求 $\ln x$。

解 对 $\ln x$ 求微分得误差公式为

$$\Delta(\ln x)=\frac{\Delta x}{x}$$

由于直接测量值 x 没有标明不确定度,故在直接测量值的最后一位上取 1 作为不确定度,即 $\Delta x=0.1$,将 x、Δx 代入上式得

$$\Delta(\ln x)=4\times10^{-3}$$

因此 $\ln x$ 的尾数应保留到小数点后三位,即

$$\ln x=\ln 25.4=3.235$$

一般情况下,对于 x 的自然对数 $\ln x$,其尾数部分的位数取与 x 的有效数字位数相同。

例 4 已知 $x=56°57'\pm1'$,求 $\sin x$。

解 对 $\sin x$ 求微分得出误差公式为

$$\Delta(\sin x)=\cos x \cdot \Delta x$$

将 x 以角度代入,将 Δx 化为弧度代入得

$$\Delta(\sin x)=\cos56°57'\times\frac{\pi}{180}\times\frac{1}{60}=1.6\times10^{-4}$$

所以,$\sin56°57'=0.838\,2$,为四位有效数字。

例 5 已知 $x=9.36\pm0.05$,求 e^x。

解 对 e^x 求微分得到 e^x 的误差公式为

$$\Delta(e^x)=e^x \cdot \Delta x$$

由于 e^x 的值一般比较大,因此在指数函数运算中的有效位数的取法是:先把 e^x 的值写成以 10 为底的幂指数形式,小数点前保留一位,再将 e^x 值代入上述误差公式,不计 10^n 的因子,即

$$x=9.36,\quad e^x=11\,614=1.161\,4\times10^4$$

代入公式得

$$\Delta(e^x)=1.161\,4\times0.05=0.06$$

因此,$e^x=e^{9.36}=1.16\times10^4$,为三位有效数字。

必须指出,测量结果的有效数字的位数取决于测量,而不取决于运算过程。因此在运算时,尤其是使用计算器时,不要随意扩大或减少有效数字的位数,更不要认为算出结果的位数越多越好。

第六节 实验数据处理的一般方法

物理实验的数据处理不单纯是取得数据后的数学运算,而是要以一定的物理模型为基础,

以一定的物理条件为依据,通过对数据的整理、分析和归纳计算,得出明确的实验结论。因此,实验中的数据记录、整理、计算或作图分析都必须具有条理性和严密的逻辑性。图表的建立应易于直观地对数据进行分析和处理,计算过程应充分考虑误差的消除与传递的基本理论,方法得当,条理分明。

数据处理的方法较多,从低年级学生的实际情况出发,这里只介绍物理实验中常用的列表法、作图法、逐差法和线性回归法。

一、列表法

直接从仪器或量具上读出的、未经任何数学处理的数据称为实验测量的原始数据,它是实验的宝贵资料,是获得实验结果的依据。正确完整地记录原始数据是顺利完成实验的重要保证。

在记录数据时,把数据列成表格形式,既可以简单而明确地表示出有关物理量之间的对应关系,便于分析和发现数据的规律性,也有助于检验和发现实验中的问题。

列表的具体要求如下。

(1)表格设计合理,便于看出相关量之间的对应关系,便于分析数据之间的函数关系和进行数据处理。

(2)标题栏中写明代表各物理量的符号和单位,单位不要重复记在各数值上。

(3)表中所列数据要正确反映测量结果的有效数字。

(4)实验室所给出的数据或查得的单项数据应列在表格的上部。

二、作图法

作图法是将一系列数据之间的关系或其变化情况用图线直观地表示出来,是一种较为常用的数据处理方法。它可以研究物理量之间的变化规律,找出对应的函数关系,求取经验公式。如果图线是依据许多测量数据点描述出来的光滑曲线,则作图法有多次测量取其平均效果的作用。采用作图法,能简便地从图线上求出实验需要的某些结果,绘出仪器的校准曲线;在图线范围内可以直接读出没有进行观测的对应于某 x 的 y 值(即内插法),在一定条件下,也可以从图线的延伸部分读到测量范围以外无法测量的点的值(即外推法)。图线还可以帮助发现实验中个别的测量错误,并进行系统误差分析。

虽然作图法有简便、形象、直观等许多优点,但它只是一种粗略的数据处理方法。因为它不是建立在严格的统计理论基础上且还受坐标纸及人为的影响。尽管如此,作图法仍不失为一种重要而常用的数据处理方法。

1. 作图要求

1)选用合适的坐标纸

应根据物理量之间的函数性质合理选用坐标纸的类型。例如,函数关系为线性关系时选用直角坐标纸,为对数关系时选用对数坐标纸。

2)坐标轴的比例与标度

坐标纸的大小及坐标轴的比例,应根据测量数据的有效数字的位数及测量结果的需要来确定。原则上,数据中的可靠数字在图中也应是可靠的。数据中有误差的一位,即不确定度所在位,在图中应是估计的,即图纸中的一小格对应测量值可靠数字的最后一位。

以横轴代表自变量,以纵轴代表因变量,并标明所代表的物理量名称(或符号)及单位。

按简单和便于读数的原则选择图上的读数与测量值之间的比例,一般选用 1∶1,1∶2,1∶5,2∶1 等为好。用选好的比例,在轴上等间距地、按图上所能读出的有效数字的位数表示分度(坐标轴所代表的物理量数值)。

为使图线布局合理,应当合理选取比例,使图线比较对称地充满整个图纸,而不是偏向一边。纵、横两坐标轴的比例可以不同,坐标轴的起点也不一定是零。对于特别大的或特别小的数据,可以采用数量级表示法,如 $\times 10^m$ 或 $\times 10^{-n}$,并放在坐标轴最大值的右边(或上方)。

3) 标点与连线

根据测量数据,用削尖的铅笔在坐标纸上以"+""×""·""。"等符号标出实验点。应使各测量数据对应的坐标准确地落在所标符号的中心。一条实验曲线用同一种符号。当一张图纸上要画几条曲线时,各条曲线应分别用不同的符号标记,以便区别。

各实验点的连线决不能随手画,而要用直尺或曲线板等作图工具,根据不同情况把点连成直线或光滑曲线。由于测量存在不确定度,因此图线并不一定通过所有的点,而要求实验点均匀地分布在图线两旁。如果个别点偏离太大,则应仔细分析后决定取舍或重新测定。连线要细而清晰,连线过粗会因作图带来附加误差。用于对仪表进行校准使用的校准曲线要通过校准点连成折线。

4) 标注图名

作好实验图线后,应在图纸适当位置标明图线的名称,必要时在图名下方注明简要的实验条件。

2. 求直线的斜率和截距

用作图法处理数据时,一些物理量之间为线性关系,其图线为直线,通过求直线的斜率和截距,可以方便地求得相关的间接测量的物理量。

1) 直线斜率的求法

若图线类型为直线(方程 $y=a+bx$),可在图线上任取两相距较远的点,一般取靠近直线两端的点 $P_1(x_1,y_1)$ 和 $P_2(x_2,y_2)$,其 x 坐标最好为整数,以减小误差(注意不得用原始实验点,必须从图线上重新读取)。

可用一些特殊符号(如 △)标定所取点 P_1、P_2,以区别原来的实验点。

由两点式求出该直线的斜率,即

$$b=\frac{y_2-y_1}{x_2-x_1}$$

注意 在物理实验中的坐标系中,纵坐标和横坐标代表不同的物理量,分度值与空间坐标不同,故不能用量取直线倾角求正切值的办法求斜率。

2) 直线截距的求法

一般情况下,如果横坐标 x 的原点为零,直线延长和坐标轴交点的纵坐标 y 即为截距(即 $x=0,y=a$)。否则,在图纸上再取一点 $P_3(x_3,y_3)$,利用点斜式求得截距:

$$a = y_3 - \frac{(y_2 - y_1)}{(x_2 - x_1)} x_3$$

描点作图求斜率和截距仅是粗略的方法，严格应该用线性拟合最小二乘法，后面将予以介绍。

3. 作图举例

例 1　伏安法测电阻的数据如表 1-6-1 所示，试用作图法求 R_x 的值。

表 1-6-1

测量次数	1	2	3	4	5	6	7
电压 U/V	0.00	1.00	2.49	4.01	5.40	6.71	8.20
电流 $I/(\times 10^{-3}\ A)$	0.00	0.51	1.20	1.81	2.51	3.22	3.81

解　(1) 选取比例。用一张毫米分格的直角坐标纸，根据原始数据的有效数字的位数及图线的对称性，考虑所作图线大致占据的范围和应取的比例大小。按所给数据，若 U 和 I 均取 $1:1$，则 U 共需 9 cm，而 I 需 4 cm，这样作出的图线是狭长的。若 U 取 $1:1$，而 I 用 $2:1$，则图线既不损失有效数字，又比较匀称。

(2) 确定纵、横轴坐标名称，以整数进行标度并注明单位，然后将实验点逐一标在图纸上，如图 1-6-1 所示。

(3) 通过实验点画出函数曲线，本例为直线，应使实验点均匀地分布在直线两边。

(4) 根据两点求斜率的方法求 R_x。

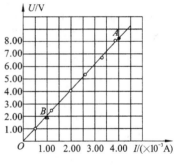

图 1-6-1

在直线上选取便于读数的 A、B 两点，并标出其坐标，特别注意这两点应保持合适的间距，以便使 $U_A - U_B$ 和 $I_A - I_B$ 都能保持原来的有效数字位数，从而使计算出的 R_x 保持应有的有效位数。如

$$R_x = \frac{U_A - U_B}{I_A - I_B} = \frac{8.50 - 2.20}{(4.00 - 1.00) \times 10^{-3}}\ \Omega = 2.10 \times 10^3\ \Omega$$

(5) 标出图线名称。本例可称为"电阻的伏安特性"。

三、逐差法

1. 逐差法及其适用条件

若一物理量（看作自变量）做等间隔改变时测得另一物理量（看作函数）一系列的对应值，为了从这一组实验数据中合理地求出自变量改变所引起的函数值的改变，即它们的函数关系，通常把这一组数据前后对半分成一、二两组，用第二组的第一项与第一组的第一项相减，第二项与第二项相减……即顺序逐项相减，然后取平均值求得结果，这就称为一次逐差法。将一次逐差值再做逐差，然后再计算结果，称为二次逐差法，依次类推。

一般情况下，用逐差法处理数据要具备以下两个条件。

(1) 函数具有 $y = a_0 + a_1 x$ 的线性关系（用一次逐差法（处理））或 x 的多项式形式：

$$y = a_0 + a_1 x + a_2 x_2 \quad \text{（用二次逐差法处理）}$$

有些函数经过改变能分解成上面形式时，也可用逐差法处理。例如，弹簧振子的周期公式：

23

$$T = 2\pi \sqrt{m/k}$$

可写成

$$T^2 = \frac{4\pi^2}{k} m$$

即 T^2 是 m 的函数。

（2）自变量 x 是等间距变化的。

2．逐差法应用举例

例 2　在外加砝码 $m(\text{g})$ 的重力作用下，焦利氏秤弹簧的伸长量为 $x(\text{cm})$，其数据如表 1-6-2 所示。试用逐差法求弹簧的弹性系数 k。

表 1-6-2

序号	1	2	3	4	5	6	7	8	9	10
m/g	1.00	2.00	3.00	4.00	5.00	6.00	7.00	8.00	9.00	10.00
x/cm	2.00	4.01	6.05	7.85	9.70	11.85	13.75	16.02	17.86	19.94

解　已知弹簧的伸长量与所受外力成正比，实验用每次增加 1.00 g 的砝码来改变弹簧的受力状态，保证了等间距变化，可以用一次逐差法处理数据。

根据一次逐差法的要求，先将数据对分成前后两组，序号 1～5 为前组，6～10 为后组，再将两组数据中的 x 按对应顺序逐项相减：

$$x_6 - x_1 = 11.85 \text{ cm} - 2.00 \text{ cm} = 9.85 \text{ cm}$$

$$x_7 - x_2 = 13.75 \text{ cm} - 4.01 \text{ cm} = 9.74 \text{ cm}$$

$$x_8 - x_3 = 16.02 \text{ cm} - 6.05 \text{ cm} = 9.97 \text{ cm}$$

$$x_9 - x_4 = 17.86 \text{ cm} - 7.85 \text{ cm} = 10.01 \text{ cm}$$

$$x_{10} - x_5 = 19.94 \text{ cm} - 9.70 \text{ cm} = 10.24 \text{ cm}$$

则每隔 5 项差值的平均值（对应砝码增重 $\Delta m = 5$ g 弹簧伸长量的平均值 $\overline{\Delta x}$）为

$$\overline{\Delta x} = \overline{x_{i+5} - x_i} = \frac{1}{5} \times (9.85 + 9.74 + 9.97 + 10.01 + 10.24) \text{ cm} = 9.962 \text{ cm}$$

所以

$$k = \frac{\overline{\Delta x}}{5m} = \frac{9.962}{5 \times 1} \text{ cm/g} = 1.99 \text{ cm/g}$$

例 3　根据自由落体运动测重力加速度 g，由公式 $h = v_0 t + \frac{1}{2} g t^2$ 计算 g。现测得数据如表 1-6-3 所示。

表 1-6-3

t（时间）	T	$2T$	$3T$	$4T$	$5T$	$6T$	$7T$	$8T$
h（距离）	h_1	h_2	h_3	h_4	h_5	h_6	h_7	h_8

解　由自由落体运动公式可知，h 与 t 的函数关系为多项式，可用二次逐差法处理数据。将数据代入公式得

$$h_1 = v_0 T + \frac{1}{2} g T^2$$

$$h_2 = v_0 (2T) + \frac{1}{2} g (2T)^2$$

$$\vdots$$

$$h_8 = v_0 (8T) + \frac{1}{2} g (8T)^2$$

采用一次逐差法得

$$\Delta h_1 = h_5 - h_1 = v_0 (5T) + \frac{1}{2} g (5T)^2 - v_0 T - \frac{1}{2} g T^2 = v_0 (4T) + \frac{1}{2} g (24T^2)$$

同理

$$\Delta h_2 = h_6 - h_2 = v_0 (4T) + \frac{1}{2} g (32T^2)$$

$$\Delta h_3 = h_7 - h_3 = v_0 (4T) + \frac{1}{2} g (40T^2)$$

$$\Delta h_4 = h_8 - h_4 = v_0 (4T) + \frac{1}{2} g (48T^2)$$

采用二次逐差法得

$$H_1 = \Delta h_3 - \Delta h_1 = 8 g T^2$$

$$H_2 = \Delta h_4 - \Delta h_2 = 8 g T^2$$

由上两式得二次逐差项的平均值为

$$\frac{1}{2}(H_1 + H_2) = 8 g T^2$$

所以

$$g = \frac{H_1 + H_2}{16 T^2}$$

由本例可以看出:在 v_0 不易测得的情况下,利用二次逐差法避开了这一具有确定值的未知量。此外,逐差法还具有充分利用所有测量数据、减小计算结果的误差等优点。

四、线性回归法

作图法在数据处理中虽然是一种直观而便利的方法,但在图线的绘制过程中往往会引入附加误差,因此有时用函数解析形式表示出来更为明确和便利。

人们往往通过实验数据求出经验公式,这个过程称为回归分析。它包括两类问题:第一类问题是函数关系已经确定,但式中的系数是未知的,在测量了 n 对 (x_i, y_i) 值后,要求确定系数的最佳估计值,以便将函数具体化;第二类问题是 y 和 x 之间的函数关系未知,需要从 n 对 (x_i, y_i) 测量数据中寻找出它们之间的函数关系式,即经验方程式。我们只讨论第一类问题中最简单的函数关系,即一元线性方程的回归问题(或称直线拟合问题)。

1. 一元线性回归

线性回归是一种以最小二乘原理为基础的实验数据处理方法,下面就数据处理中的最小二乘原理做简单介绍。

若已知函数的形式为

$$y = b_0 + b_1 x \tag{1-6-1}$$

由于自变量只有 x 一个,故称为一元线性回归方程。

对于由实验得到的数据,当 $x = x_1, x_2, x_3, \cdots, x_n$ 时,对应的 $y = y_1, y_2, y_3, \cdots, y_n$。在许多实验中,$x, y$ 两个物理量的测量总有一个物理量的测量精度比另一个高,我们将测量精度较高的物理量作为自变量 x,其误差可忽略不计,而把测量精度较低的物理量作为因变量 y。显然,如果从上述测量列中任取 (x_i, y_i) 的两组数据就可得出一条直线,只不过这条直线的误差有可能很大。直线拟合(线性回归)的任务就是用数学分析的方法从这些观测到的数据中求出一个误差最小的最佳经验公式 $y = b_0 + b_1 x$。虽然根据这一最佳经验公式作出的图线不一定能通过每一个实验点,但是它以最接近这些实验点的方式平滑地穿过它们。因此,对应于每一个 x_i 值,观测值 y_i 和最佳经验公式的 y 值之间存在一个偏差 ε_i,我们称它为观测值 y_i 的偏差,即

$$\varepsilon_i = y_i - y = y_i - b_0 - b_1 x_i \tag{1-6-2}$$

ε_i 的大小和正负表示了实验点在回归法求得的直线两侧的分散程度。显然 ε_i 的值与 b_0 和 b_1 的取值有关。为使偏差的正负和不抵消,且考虑所有实验值的影响,我们计算各偏差的平方和 $\sum_{i=1}^{n} \varepsilon_i^2$ 的大小(下面略去求和号上的求和范围,写成 $\sum \varepsilon_i^2$)。如果 b_0 和 b_1 的取值使 $\sum \varepsilon_i^2$ 最小,b_0 和 b_1 即为所求的值,由 b_0 和 b_1 所确定的经验公式就是最佳经验公式。这种方法称为最小二乘法。

为使

$$\sum \varepsilon_i^2 = \sum (y_i - b_0 - b_1 x_i)^2$$

最小,应使 b_0 和 b_1 的一阶偏导数分别等于零,即

$$\frac{\partial \sum \varepsilon_i^2}{\partial b_0} = -2 \sum (y_i - b_0 - b_1 x_i) = 0$$

$$\frac{\partial \sum \varepsilon_i^2}{\partial b_1} = -2 \sum \left[(y_i - b_0 - b_1 x_i) x_i \right] = 0$$

令

$$\bar{x} = \frac{1}{n} \sum x_i$$

$$\bar{y} = \frac{1}{n} \sum y_i$$

$$\overline{x^2} = \frac{1}{n} \sum x_i^2$$

$$\overline{xy} = \frac{1}{n} \sum x_i y_i$$

整理一阶偏导方程得

$$b_1 \bar{x} + b_0 = \bar{y}$$

$$b_1 \overline{x^2} + b_0 \bar{x} = \overline{xy}$$

上两方程的解为

$$b_1 = \frac{\overline{xy} - \overline{x}\,\overline{y}}{\overline{x^2} - \overline{x}^2} \tag{1-6-3}$$

$$b_0 = \overline{y} - b_1 \overline{x} \tag{1-6-4}$$

不难证明，$\sum \varepsilon_i^2$ 对 b_0 和 b_1 的二阶偏导均大于零，故求得的 b_0 和 b_1 使 $\sum \varepsilon_i^2$ 取最小值。

将求得的 b_0 和 b_1 值代入直线方程，就可得到最佳经验公式：

$$y = b_0 + b_1 x_0$$

上面介绍的用最小二乘原理求经验公式中常数 b_0 和 b_1 的方法，是一种直线拟合法，它在科学实验中应用广泛。用这种方法计算的常数值 b_0 和 b_1 是"最佳的"，但并不是没有误差的，它们的误差估算问题比较复杂，这里就不再介绍了。

2. 能化为线性回归的非线性回归

非线性回归是一个复杂的问题，并无固定的解法，但若某些非线性函数经过适当变换后成为线性函数，仍可用线性回归方法处理。

例如，指数函数 $y = ae^{bx}$（a、b 为常数）等式两边取对数可得

$$\ln y = \ln a + bx$$

令 $\ln y = y'$，$\ln a = b_0$，即得直线方程

$$y' = b_0 + bx$$

这样便可将指数函数的非线性回归问题变为一元线性回归问题。

又例如，对幂函数 $y = ax^b$ 来说，等式两边取对数，得

$$\ln y = \ln a + b\ln x$$

令 $\ln y = y'$，$\ln a = b_0$，$\ln x = x'$，即得直线方程

$$y' = b_0 + bx'$$

这样便可将幂函数的非线性回归问题变为一元线性回归问题。

由此可见，任何一个非线性函数只要能设法将其转化成线性函数，就可能用线性回归方法处理。

3. 线性回归是否合理的检验

用线性回归法处理同一组实验数据，不同的实验者可能取不同的函数形式，从而得出不同的结果。为了检验所得结果是否合理，在待定常数确定后，还要与相关系数 r 进行比较。对于一元线性回归，r 定义为

$$r = \frac{\overline{xy} - \overline{x}\,\overline{y}}{\sqrt{(\overline{x^2} - \overline{x}^2)(\overline{y^2} - \overline{y}^2)}} \tag{1-6-5}$$

r 值总是在 0 与 ± 1 之间。r 值越接近 1，说明实验点越能密集分布在求得的直线的近旁，用线性函数进行回归比较合理；相反，如果 $|r|$ 远小于 1 而接近 0，说明实验点对所求得的直线来说很分散，用线性函数回归不合适，x 和 y 完全不相关，必须用其他函数重新试探。

4. 线性回归法应用举例

例 4　测得某铜棒的长度 l 随温度 t 的变化数据如表 1-6-4 所示，试用最小二乘法求 l-t 的经验公式，并求出 0 ℃时铜棒长度 l_0 和热膨胀系数 α。

表 1-6-4

$t/℃$	20	30	40	50	60
l/mm	1 000.36	1 000.53	1 000.74	1 000.91	1 001.06

解 （1）根据式(1-6-3)、式(1-6-4)，利用各数据列表 1-6-5。

表 1-6-5

i	$x_i(t_i)$	$y_i(l_i)$	x_i^2	y_i^2	x_iy_i
1	20	1 000.36	400	1 000 720.13	20 007.2
2	30	1 000.53	900	1 001 060.28	30 015.9
3	40	1 000.74	1 600	1 001 480.55	40 029.6
4	50	1 000.91	2 500	1 001 820.83	50 045.5
5	60	1 001.06	3 600	1 002 121.12	60 063.6
$\sum$	200	5 003.60	9 000	5 007 202.91	200 161.80

由上列表格中的数据可求得

$$\bar{x}=40,\quad \bar{y}=1\ 000.72,\quad \overline{x^2}=1\ 800,\quad \overline{y^2}=1\ 001\ 440.58,\quad \overline{xy}=40\ 032.36$$

（2）由式(1-6-3)、式(1-6-4)，求 b_1 和 b_0 的值为

$$b_1=\frac{\bar{x}\ \bar{y}-\overline{xy}}{\bar{x}^2-\overline{x^2}}=\frac{40\times1\ 000.72-40\ 032.36}{1\ 600-1\ 800}=0.017\ 8$$

$$b_0=\bar{y}-b_1\bar{x}=1\ 000.72-0.017\ 8\times40=1\ 000.008=1\ 000.01$$

故经验公式为

$$y=1\ 000.01+0.017\ 8x$$

（3）根据式(1-6-5)求相关系数：

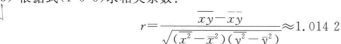

$$r=\frac{\overline{xy}-\bar{x}\ \bar{y}}{\sqrt{(\overline{x^2}-\bar{x}^2)(\overline{y^2}-\bar{y}^2)}}\approx1.014\ 2$$

因 $r=1.014\ 2$ 接近于 1，故线性回归合理。

（4）将经验公式与 $l=l_0+l_0\alpha t$ 进行比较，得

$$l_0=1\ 000.01\ mm$$

$$\alpha l_0=0.017\ 8\ mm/℃$$

$$\alpha=1.78\times10^{-5}/℃$$

故 l-t 的经验公式为

$$l=1\ 000.01\times(1+1.78\times10^{-5}t)$$

习　　题

1. 指出下列各量有几位有效数字：

（1）$L=0.000\ 01\ cm$；　　　　（2）$T=0.000\ 1\ s$；

(3) $E=2.7\times10^{25}$ J；　　　　(4) $g=980.123\,06$ cm/s^2。

2. 根据测量不确定度和有效数字的概念，改正以下测量结果表达式，写出正确答案。

(1) $d=(10.430\pm0.3)$ cm；

(2) $E=(1.915\pm0.05)$ V；

(3) $L=(10.85\pm0.200)$ mm；

(4) $P=(31\,690\pm200)$ kg；

(5) $R=(12\,345.6\pm4\times10)$ Ω；

(6) $I=(5.354\times10^4\pm0.045\times10^3)$ mA；

(7) $L=(10.0\pm0.095)$ mm。

3. 判断下列各式的正误，请在括号内填写有效数字的正确答案。

(1) $1.732\times1.74=3.013\,68$；　　　　　（　　）

(2) $628.7\div7.8=80.603$；　　　　　（　　）

(3) $(38.4+4.256)\div2.0=21.328$；　　　　　（　　）

(4) $(17.34-17.13)\times14.28=2.998\,8$。　　　　　（　　）

4. 换算下列各测量值的单位。

(1) 4.80 cm=（　　　）m=（　　　）mm；

(2) 30.70 g=（　　　）kg=（　　　）mg；

(3) 3.50 mA=（　　　）A=（　　　）μA。

5. 用一级螺旋测微器（$\Delta_I=0.004$ mm）测量一钢球直径为 7.985 mm、7.986 mm、7.984 mm、7.986 mm、7.987 mm、7.985 mm、7.985 mm、7.986 mm。求钢球的直径和不确定度，并写出测量结果的完整表达式。

6. 用游标精度为 0.02 mm 的游标卡尺测量圆柱体的外径（D）和高（H），测量结果如表 1-6-6 所示，求圆柱体的体积 V 和不确定度 u_V，并写出测量结果表达式。

表 1-6-6

次数/n	D/cm	H/cm
1	6.004	8.096
2	6.002	8.094
3	6.006	8.092
4	6.000	8.096
5	6.006	8.096
6	6.000	8.094
7	6.006	8.094
8	6.004	8.098
9	6.000	8.094
10	6.000	8.096

7. 金属的电阻与温度的关系为 $R=R_0(1+\alpha T)$，这里 R 表示 T ℃时的电阻，R_0 表示 0 ℃时的电阻，α 是电阻的温度系数。实验测得 R 和 T 的数据如表 1-6-7 所示：

(1) 用作图法求电阻的温度系数 α 和 0 ℃时的电阻 R_0；

(2) 用线性回归法求 α 和 R_0。

表 1-6-7

i	1	2	3	4	5	6	7	8
$T/^{\circ}\mathrm{C}$	10.0	20.0	30.0	40.0	50.0	60.0	70.0	80.0
R/Ω	12.3	12.9	13.6	13.8	14.5	15.1	15.2	15.9

【附录】

常用仪器的仪器误差

仪器误差是指在正确使用仪器的条件下,仪器的示值与被测量的实际值之间可能产生的最大误差。仪器误差可以从有关的标准或仪器说明书中查找。游标卡尺、螺旋测微器等一类一般分度仪表常用"示值误差"来表示仪器误差,而电工仪表常用"基本误差的允许极限"来表示仪器误差。以下收集部分仪器误差资料,供实验者使用时查阅。

1. 钢卷尺

符合相关标准规定的钢卷尺,自零点端起到任意线纹的示值误差应符合下列规定:

Ⅰ级:　$\Delta = \pm(0.1 + 0.1L)$ mm

Ⅱ级:　$\Delta = \pm(0.3 + 0.2L)$ mm

式中,Δ 表示示值误差,L 为以 m 为单位的长度,当长度不是米的整数倍时,取最接近的较大整米数。

2. 游标卡尺

根据相关标准,游标卡尺的示值误差如表 1-6-8 所示。

表 1-6-8　　　　　　　　　　　　单位:mm

测量长度	游标读数值		
	0.02	0.05	0.10
	示值误差		
0~150	±0.02	±0.05	+0.10
>150~200	±0.03	±0.05	
>200~300	±0.04	±0.08	
>300~500	±0.05	±0.08	
>500~1 000	±0.07	±0.10	±0.15

3. 螺旋测微器(外径千分尺)

根据相关标准,螺旋测微器的示值误差如表 1-6-9 所示。

表 1-6-9　　　　　　　　　　　　单位:mm

测量范围	示值误差
0~25,25~50	±0.004
50~75,75~100	±0.005
100~125,125~150	±0.006

续表

测量范围	示值误差
$150\sim175,175\sim200$	±0.007
$200\sim225,225\sim250$	±0.008
$250\sim275,275\sim300$	±0.009
$300\sim350,350\sim400$	±0.011

4. 天平

实验室使用的 TG-628A 型属于Ⅱ级天平。天平的仪器误差来源于不等臂偏差、示值变动误差、标尺分度误差、游码质量误差和砝码质量误差。根据相关计量检定规程规定,Ⅱ级天平的仪器误差与载荷质量 m 有关,设 e 为标尺分度值,则天平的仪器误差可按表1-6-10考虑。

表 1-6-10

载荷质量 m	最大允差
$0\leqslant m\leqslant5\times10^3\,e$	e
$5\times10^3\,e<m\leqslant2\times10^4\,e$	$2e$
$2\times10^4\,e<m\leqslant1\times10^5\,e$	$3e$

5. 电流表、电压表

电流(压)表的基本误差允许极限的一种计算公式为

$$\Delta X=\pm a\%\cdot X_{\mathrm{m}}$$

式中,a 为准确度等级,X_{m} 为满量程。

电流(压)表的基本误差允许极限的另一种计算公式为

$$\Delta X=\pm C\%\cdot X_N$$

式中,C 为用百分数表示的等级指数;X_N 为基准值,此值可能是测量范围的上限、量程或其他明确规定的量值。

电流表和电压表按表 1-6-11 所列等级指数表示的准确度等级进行分级。

表 1-6-11

仪器	等级指数/(%)
电流(压)表	$0.1,0.2,0.5,1,1.5,2.5,5$
	$0.05,0.1,0.2,0.3,0.5,1,1.5,2,2.5,3.5$

6. 直流电桥

符合相关部标规定的直流电桥的基本误差允许极限的计算可分为以下两种。

(1) 步进盘电桥和 $a\leqslant0.1$ 级滑线盘电桥的计算公式为

$$\Delta R=\pm k(a\%R+b\Delta R)$$

式中,k 为比例系数(电桥比例臂比值);R 为比较臂示值;a 为准确度等级;ΔR 为比较臂最小步进值或滑线盘分度值(Ω);b 为系数(见表1-6-12)。

表 1-6-12

$a\leqslant0.02$	$a\leqslant0.05$	$a\leqslant0.1$(有滑线盘)
$b=0.3$	$b=0.2$	$b=1$

（2）$a\geqslant0.2$ 级滑线盘电桥的计算公式为

$$\Delta R=\pm a\%R_{max}$$

式中，R_{max} 为滑线盘电桥的满刻度值。

例如，QJ-23 型直流电桥：

$$\Delta R=\pm k(0.2\%R+0.2)$$

QJ-42 型直流双臂电桥：

$$\Delta R=\pm2\%\cdot R_{max}$$

式中，R_{max} 为相应倍率下电桥读数的满刻度值。

符合国标 GB/T 3930—2008 规定的直流电桥的基本误差允许极限的计算公式为

$$\Delta R=\pm\frac{C}{100}\left(\frac{R_N}{10}+R\right)$$

式中，C 为用百分数表示的等级指数，R_N 为基准值（该量程内最大的 10 的整数幂），R 为标准盘示值。

附例 1 QJ-49a 直流电阻电桥的基本误差允许极限计算公式如表 1-6-13 所示。

表 1-6-13

量程倍率	有效量程	基准值/Ω	等级指数	基本误差的允许极限/Ω
$\times10^{-3}$	$1\sim11.110$	10	0.1	$\Delta R=\pm\frac{0.1}{100}\left(\frac{10}{10}+R\right)$
$\times10^{-2}$	$10\sim111.10$	10^2	0.1	$\Delta R=\pm\frac{0.1}{100}\left(\frac{10^2}{10}+R\right)$
$\times10^{-1}$	$100\sim1\,111.10$	10^3	0.05	$\Delta R=\pm\frac{0.05}{100}\left(\frac{10^3}{10}+R\right)$
$\times1$	$1\,000\sim11\,111.0$	10^4	0.05	$\Delta R=\pm\frac{0.05}{100}\left(\frac{10^4}{10}+R\right)$
$\times10$	$10\,000\sim111\,110$	10^5	0.05	$\Delta R=\pm\frac{0.05}{100}\left(\frac{10^5}{10}+R\right)$
$\times10^2$	$100\,000\sim1\,111\,100$	10^6	0.1	$\Delta R=\pm\frac{0.1}{100}\left(\frac{10^6}{10}+R\right)$

7. 直流电位差计

符合相关部标规定的直流电位差计的基本误差允许极限的计算公式为

$$\Delta U_x=\pm(a\%U_x+b\Delta U)$$

式中，a 为准确度等级；U_x 为测量盘示值；ΔU 为最小测量盘步进值或滑线盘最小分度值；b 为系数（对于实验室型直流电位差计，如 UJ-25，$b=0.5$；对于携带式直流电位差计，如 UJ-36，$b=1$）。

附例 2　UJ-36 型携带式直流电位差计基本误差允许极限公式如表 1-6-14 所示。

表 1-6-14

倍率	测量范围/mV	最小分度值/μV	准确度等级	基本误差允许极限/mV
×1	0~120	50	0.1	$\Delta U=\pm(0.1\%U+0.05)$
×0.2	0~24	10	0.1	$\Delta U=\pm(0.1\%U+0.01)$

符合国标 GB/T 3927—2008 规定的直流电位差计的基本误差允许极限的计算公式为

$$\Delta U=\pm\frac{C}{100}\left(\frac{U_N}{10}+U\right)$$

式中,C 为用百分数表示的等级指数;U_N 为基准值(该量程内最大的 10 的整数幂);U 为标度盘示值。

附例 3　UJ-33a 型直流电位差计基本误差极限公式如表 1-6-15 所示。

表 1-6-15

量程倍数	有效量程	等级指数	基准值	基本误差允许极限
×5	0~1.055 5 V	0.05	1 V	$\Delta U=\pm\frac{0.05}{100}\times\left(\frac{1\text{ V}}{10}+U\right)=\pm(0.05\%U+50\ \mu\text{V})$
×1	0~211.1 mV	0.05	0.1 V	$\Delta U=\pm\frac{0.05}{100}\times\left(\frac{0.1\text{ V}}{10}+U\right)=\pm(0.05\%U+5\ \mu\text{V})$
×0.1	0~21.11 mV	0.05	0.01 V	$\Delta U=\pm\frac{0.05}{100}\times\left(\frac{0.01\text{ V}}{10}+U\right)=\pm(0.05\%U+0.5\ \mu\text{V})$

8. 直流电阻箱

符合相关部颁标准规定的电阻箱的基本误差允许极限的计算公式如表 1-6-16 所示。

表 1-6-16

准确度等级	基本误差允许极限/Ω
0.02	$\Delta R=\pm(0.02R+0.01m)\%$
0.05	$\Delta R=\pm(0.05R+0.1m)\%$
0.1	$\Delta R=\pm(0.1R+0.2m)\%$
0.2	$\Delta R=\pm(0.2R+0.5m)\%$
0.5	$\Delta R=\pm(0.5R+m)\%$

注:m 为示值不为零的十进盘个数,R 为电阻箱的示值。

符合相关部标规定的电阻箱的基本误差允许极限的计算公式为

$$\Delta R=\pm(a\%R+b)$$

式中,a 为准确度等级;R 为电阻箱接入电阻值(Ω);b 为系数,当 $a\leqslant0.05$ 级时,$b=0.002$ Ω;当 $a\geqslant0.1$ 级时,$b=0.005$ Ω。

符合相关国标规定的电阻箱的基本误差允许极限的计算公式为

$$\Delta R=\pm\sum C_i\%R_i$$

式中，C_i 为第 i 挡用百分数表示的等级指数；R_i 为第 i 挡的示值。

附例 4 按相关标准生产的 ZX-21 型电阻箱规格如表 1-6-17 所示。

表 1-6-17

步进值/Ω		×0.1	×1	×10	×100	×1 000	×10 000
等级指数	/(%)	5	0.5	0.2	0.1	0.1	0.1
	×10⁻⁶	50 000	5 000	2 000	1 000	1 000	1 000
	科学标记法	5×10⁻⁴	5×10⁻³	2×10⁻³	1×10⁻³	1×10⁻³	1×10⁻³

若电阻箱各旋钮取值为 87 654.3 Ω，则其示值的基本误差允许极限为

$$\Delta R = \pm(80\ 000 \times 0.1\% + 7\ 000 \times 0.1\% + 600 \times 0.1\% + 50 \times 0.2\% + 4 \times 0.5\% + 0.3 \times 5\%)\ \Omega$$
$$= \pm(80 + 7 + 0.6 + 0.1 + 0.02 + 0.015)\ \Omega$$
$$= \pm 87.735\ \Omega = \pm 90\ \Omega = \pm 9 \times 10\ \Omega$$

第二章 力学、热学实验

██ 实验一 长度的测量及圆柱体标准偏差的计算 ████████

【实验目的】

（1）学习游标卡尺、螺旋测微器和读数显微镜的测量原理与使用方法。

（2）了解标准偏差 S 的物理意义、计算方法。

【实验仪器】

游标卡尺、螺旋测微器、读数显微镜。

【仪器描述】

1. 游标卡尺

一般米尺的分度值为一毫米，即一个小分格的长度是一毫米。用米尺测量长度时，毫米以下的读数要凭目测估计。为了提高测量精度，就在米尺上再附加一个可以滑动的游标，这就构成了游标卡尺。

游标卡尺主要由两个部分组成，如图 2-1-1 所示，一部分是与量爪 A、A′相连的主尺 D，另一部分是与量爪 B、B′及深度尺 C 相连的游标 E。游标可紧贴着主尺滑动。量爪 A、B 用来测量厚度和外径，量爪 A′、B′用来测量内径，深度尺 C 用来测量筒的深度，它们的读数值都是由游标的"0"线与主尺的"0"线之间的距离表示出来的，F 为固定螺钉。

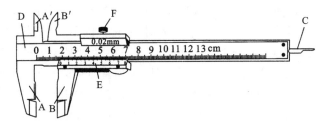

图 2-1-1

游标卡尺的读数原理：游标上的 m 个分格的总长度与主尺上 $m-1$ 个分格的总长度相等。设 y 代表主尺上一个分格的长度，x 代表游标上一分格的长度，则有

$$mx = (m-1)y$$

那么
$$\Delta x = y - x = \frac{y}{m}$$

Δx 就是从游标上可以精确读出的最小数值,即 Δx 是游标的分度值。下面以 $m=10$ 的游标(即十分游标)为例说明这一点。

$m=10$ 即游标上刻有 10 个小分格,这 10 个分格的总长应等于主尺上的 9 个分格的长度。因为主尺上每个分格是 1 mm,所以游标上 10 个分格的总长是 9 mm,显然游标上每个分格的长度是 0.9 mm,当卡口 A、B 合拢时,游标上的"0"线与主尺上"0"线相重合。这时游标上的第一条刻度线必然处在主尺第一条刻度的左边,且相差 0.1 mm,游标上第二条刻度线在主尺第二条刻度线左边的 0.2 mm 处,依次类推,游标上的第十条刻度线正好与主尺上第九条刻度线相对齐,如图 2-1-2 所示。

如果我们在卡口 A、B 间放一厚度为 0.1 mm 的薄片,那么与卡口 B 相连的游标 E 就要向右移动 0.1 mm,这时游标的第一条刻度线就会与主尺的第一条刻度线相重合。而游标上的其他所有刻度线都不会与主尺上的任何一条刻度线相重合。如果薄片厚为 0.2 mm,那么,游标的第二条刻度线就会与主尺上的第二条刻度线相重合(见图 2-1-3),依次类推。反过来讲,如果游标上为第一条刻度线与主尺上的刻度线相重合,那么薄片的厚度就是 0.1 mm,如果游标上的第二条刻度线与主尺上的刻度线相重合(见图 2-1-3),薄片的厚度就是 0.2 mm,依次类推。这说明利用游标可以精确读出毫米以下的值,而精确程度由主尺与游标的每个分格之差 Δx 来决定。

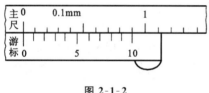

图 2-1-2

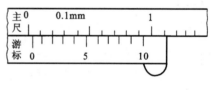

图 2-1-3

我们实验室里用得较多的游标是 $m=50$ 的一种,即游标上的 50 个分格与主尺上的 49 mm 等长。这就是五十分游标,它的分度值为

$$\Delta x = y - x = \frac{y}{50} = 0.02 \text{ mm}$$

当卡口 A、B 间的待测薄片厚度为 0.02 mm 时,游标的第一条刻度线正好与主尺上的第一条刻度线相重合;当待测薄片的厚度为 0.04 mm 时,游标上的第二条刻度线与主尺上的第二条刻度线相重合……反过来说,当游标上第一条刻度线与主尺刻度线相重合时,就可读出待测厚度为 0.02 mm;当游标上第二条刻度线与主尺刻度线相重合时,就可读出待测厚度值为 0.04 mm,依次类推。举例来说,当游标上的第十二条刻度线与主尺的某一刻度线相重合时,即可直接读出待测厚度为 0.24 mm。如图 2-1-4 所示,游标上刻有 0,1,2,3,4,5,6,7,8,9,10,是为了便于直接读数。例如,测量某一薄片,当我们判定游标上 8 字后面(即 8 字的右边)第三条刻度线与主尺的刻度线相重合时,即可直接读出 0.86 mm,而不必数它是游标上的多少条刻度线,再读 0.86 mm。

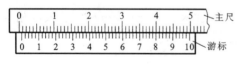

图 2-1-4

游标卡尺的读数误差:用游标卡尺测量结果的读数,根据游标上某一条刻度线与主尺上刻度线相

重合而定,因而这种读数方法产生的误差就由游标上刻度线与主尺上刻度线两者接近的程度所决定,而两者的不重合程度又总小于 $\Delta x/2$,所以游标卡尺的读数误差不会超过 $\Delta x/2$。例如,五十分游标的 $\Delta x=0.02$ mm,测量结果所记录的最小值是 0.02 mm,某一测量记录可以是 18.02 mm 或 18.04 mm,而不取 18.03 mm。因为,我们要么判定游标的第一条刻度线与主尺刻度线重合,要么判定游标的第二条刻度线与主尺刻度线重合,一般难以再做细微的分辨,所以不取 18.03 mm 这个读数。

游标卡尺的零点校正:使用游标卡尺测量之前,应先把卡口 A、B 合拢,检查游标的"0"线和主尺的"0"线是否重合,如不重合,应记下零点读数,用它对测量结果加以校正,即待测量 $x=x'-x_0$,x' 为未做零点校正的测量值,x_0 为零点读数。x_0 可以正,也可以负。

2. 螺旋测微器

螺旋测微器是比游标卡尺更精密的长度测量仪器,实验室用的螺旋测微器量程为 2.5 cm,分度值是 0.01 mm,即 $\dfrac{1}{1\,000}$ cm,故又名千分尺。

螺旋测微器的构造如图 2-1-5 所示。它的主要部分是一个微动螺杆(螺旋杆),螺距是 0.5 mm,也就是说,螺旋杆旋转一周,沿轴线方向的移动是 0.5 mm,螺旋杆与螺旋柄相连,在柄上有沿圆周的刻度,共 50 分格。显然,螺旋柄上圆周的刻度走过一分格时,螺杆沿轴线方向移动 $\dfrac{0.5}{50}$ mm = 0.01 mm。

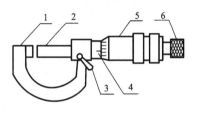

图 2-1-5

1—尺架;2—微动螺杆;3—制动器;
4—固定标尺;5—螺旋柄;6—小棘轮

螺旋测微器的读数:在图 2-1-6 中,若螺旋柄的边线 C 与主尺(D 线)的"0"线重合且圆周分度的"0"线也与 D 线重合,表示待测长度为零。图 2-1-6 中的读数可以这样读出:先以 C 线为准读主尺,显然长度为 6.5~7.0 mm,于是先读出 6.5 mm,然后以 D 线为准读圆周上的刻度,D 线处在"25"和"26"之间,于是可以读出 0.25 mm(因分度值是 0.01 mm),最后还要估计下一位数。例如,估计为 5(即 0.05 mm),于是最后可得出读数为 6.755 mm。图2-1-7的读数为 6.255 mm。在此要注意半毫米指示线,读数时要看清 C 线是处在半毫米线的哪一边,再判定应读多少,否则容易出错。

图 2-1-6   图 2-1-7

这里必须指出,螺旋测微器最后一位必须估读,而游标卡尺不能估读。

螺旋测微器的使用注意事项如下。

(1) 校正零点:常会发现圆周上的"0"线并不正指着 D 线"0"线,即零点不合。例如,它指在"2"刻度线上,则在以后测长度时,需将测得值减去 0.020 mm。又例如,它距 D 线"0"线尚差 2 个分度,则实际长度应以读出长度减去 -0.020 mm(即加上 0.020 mm)。

（2）校正零点及夹紧待测物体时,都应轻轻转动小棘轮推进螺旋杆,不得直接拧转螺旋柄,以免夹得太紧,影响测量结果,甚至损坏仪器。转动小棘轮时,只要听到"咯咯"响声,螺旋杆就不再推进了,此时即可进行读数。

（3）制动器是用来锁紧螺旋杆的,使用时应放松,不得在锁紧螺旋杆的情况下进行测量。

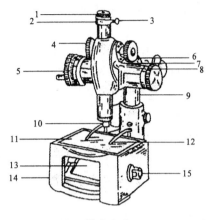

图 2-1-8

1—目镜;2—锁紧圈;3—锁紧螺钉;4—调焦手轮;
5—测微鼓轮;6—横杆;7—标尺;8—旋手;
9—立柱;10—物镜;11—台面玻璃;12—弹簧压片;
13—反光镜;14—底座;15—旋转手轮

3. 读数显微镜

它是将测微螺旋和显微镜组合起来精确测量长度的仪器,如图 2-1-8 所示。

它的测微螺距为 1 mm,和螺旋测微器的活动套筒对应的部分是测微鼓轮,它的周边等分为 100 个分格,每转一分格显微镜将移动 0.01 mm,所以读数显微镜的测量精度也是 0.01 mm,它的量程一般是 50 mm。此仪器所附的显微镜是低倍的。它由三个部分组成:目镜、叉丝和物镜。

读数显微镜的调节与使用简述如下。

（1）调节物镜或待测物体,使它们位于同一水平面上。

（2）伸缩目镜,直至看清叉丝。

（3）转动调焦手轮,前后移动显微镜筒,改变物镜到待测物体之间的距离,直至看清待测物体。

（4）转动测微鼓轮移动显微镜,使十字准线中竖线与待测物体一端相切,读出主尺与测微鼓轮上的示数,沿同一方向旋转测微鼓轮,使准线中竖线与待测物体另一端相切,记下主尺与测微鼓轮的示数,两次读数之差即为待测物体的长度。

注意防止回程误差:移动显微镜,使其从相反方向对准同一待测物体,两次读数似乎应当相同,实际上由于螺丝和螺套不可能完全密接,螺旋转动方向改变时,它们的接触状态也将改变,两次读数将不同,由此产生的测量误差称为回程误差。为了防止产生回程误差,在测量时,向同一方向转动测微鼓轮使叉丝和各待测物体对准,当移动叉丝超过了待测物体时,就要多退回一些,重新向同一方向转动测微鼓轮去对准待测物体。

【实验原理】

图 2-1-9 所示的中空圆柱体的体积公式为

$$V = \frac{\pi}{4}(D^2 H - d^2 h) \tag{2-1-1}$$

式中,内径 d、外径 D、高 H、深度 h 都是直接测量量。由于直接测量量是有误差的,故间接测量量 V 也会有误差。由误差理论可知,一个量的测量误差对于总误差的贡献不仅取决于其本身误差的大小,还取决于误差传递系数。中空圆柱体体积的标准偏差为

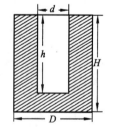

图 2-1-9

$$S_V = \sqrt{\left(\frac{\partial V}{\partial D}\right)^2 S_D^2 + \left(\frac{\partial V}{\partial d}\right)^2 S_d^2 + \left(\frac{\partial V}{\partial H}\right)^2 S_H^2 + \left(\frac{\partial V}{\partial h}\right)^2 S_h^2} \tag{2-1-2}$$

式中，S_D、S_d、S_H、S_h 分别为中空圆柱体外径、内径、高度、深度相应测量值的标准偏差，$\dfrac{\partial V}{\partial D}$、$\dfrac{\partial V}{\partial d}$、$\dfrac{\partial V}{\partial H}$、$\dfrac{\partial V}{\partial h}$ 分别为相应的误差传递系数。

因为
$$V=\frac{\pi}{4}D^2H-\frac{\pi}{4}d^2h \tag{2-1-3}$$

求偏导数得

$$\frac{\partial V}{\partial D}=\frac{\pi}{2}\overline{D}\,\overline{H}$$

$$\frac{\partial V}{\partial H}=\frac{\pi}{4}\overline{D}^2$$

$$\frac{\partial V}{\partial d}=-\frac{\pi}{2}\overline{d}\,\overline{h}$$

$$\frac{\partial V}{\partial h}=-\frac{\pi}{4}\overline{d}^2$$

式中，$\overline{D}$、$\overline{d}$、$\overline{H}$、$\overline{h}$ 分别为多次测量的平均值。

D、d、h、H 分别为独立测量值，它们在有限次测量中任一测量结果的标准偏差为

$$S_x=\sqrt{\frac{\sum_{i=1}^{n}(x_i-\overline{x})^2}{n-1}} \tag{2-1-4}$$

式中，n 为测量次数，x_i 为第 i 次测量值，$\overline{x}$ 为平均值。

由式（2-1-4）可以求出各量的标准偏差 S_D、S_d、S_h、S_H，由式（2-1-2）和式（2-1-3）可求出体积的标准偏差 S_V。

【实验步骤】

1. 中空圆柱体体积测量

（1）用游标卡尺测量圆柱体的外径 D、内径 d、高度 H、深度 h 各 10 次，并列成数据表格。

（2）计算中空圆柱体体积的标准偏差 S_V。

（3）估算测量不确定度，完整表达实验结果。

2. 钢丝直径和玻璃管内径的测量

（1）用螺旋测微器测量钢丝的直径，在不同位置测量 6 次并取平均值。

（2）用读数显微镜测量玻璃毛细管的内径 6 次并取平均值。

【注意事项】

（1）凡用带测微螺旋的仪器（本实验中的读数显微镜），在两次读数时，丝杆必须只向一个方向移动，以避免螺距差。

（2）本实验未考虑系统误差。

【数据处理】

（1）计算各量的平均值 $\overline{D}$、$\overline{d}$、$\overline{H}$、$\overline{h}$。

（2）由式(2-1-4)求出 S_D、S_d、S_H、S_h。

（3）求各直接测量量的不确定度。

由游标卡尺的仪器误差引起的 B 类不确定度分量为

$$u_B = \Delta_I = 0.02 \text{ mm}$$

所以有

$$u_D = \sqrt{S_D^2 + \Delta_I^2}, \quad u_d = \sqrt{S_d^2 + \Delta_I^2}$$

$$u_H = \sqrt{S_H^2 + \Delta_I^2}, \quad u_h = \sqrt{S_h^2 + \Delta_I^2}$$

（4）中空圆柱体体积为

$$\overline{V} = \frac{\pi}{4}(\overline{D}^2 \overline{H} - \overline{d}^2 \overline{h})$$

圆柱体体积的不确定度为

$$u_V = \sqrt{\left(\frac{\partial V}{\partial D}\right)^2 u_D^2 + \left(\frac{\partial V}{\partial d}\right)^2 u_d^2 + \left(\frac{\partial V}{\partial H}\right)^2 u_H^2 + \left(\frac{\partial V}{\partial h}\right)^2 u_h^2}$$

（5）测量结果表达式为

$$V = \overline{V} \pm u_V$$

$$E_V = \frac{u_V}{\overline{V}} \times 100\%$$

【思考题】

1. 举例说明游标卡尺的读数误差不大于分度值 Δx 的一半。

2. 使用螺旋测微器夹紧待测物体时，为什么要轻轻转动小棘轮，而不允许直接拧转螺旋柄？

3. 一螺旋测微器的公差为 0.005 mm（即仪器在正常条件下使用时，读数与准确值的允许偏差值为 0.005 mm），我们把测量读数估计到 0.001 mm 有没有意义？

【习题】

1. 已知游标卡尺的最小分度值为 0.01 mm，其主尺的最小分度值为 0.5 mm，此游标的分度格数是多少？ 若以 mm 为单位，写出游标的取值范围。

2. 利用有效数字的计算规则，求高 $h = 13.32$ cm，直径 $d = 1.54$ cm 的圆柱体的体积。

3. 试解释实验中 S_V 的物理意义。

实验二　气垫导轨上的实验——速度和加速度的测量

【实验目的】

（1）学习气垫导轨的使用方法。

（2）学会在气垫导轨上测量速度和加速度。

【实验仪器】

气垫导轨、光电门、数字毫秒计、气源、游标卡尺。

【仪器描述】

气垫导轨(见图 2-2-1)是一种力学装置。它由导轨、滑块和光电计时装置等组成。

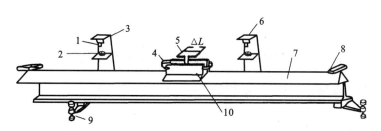

图 2-2-1

1—聚光小灯泡;2—光电二极管;3—光电门 2;4—缓冲弹簧;5—挡光板;

6—光电门 1;7—开有许多小孔的导轨;8—缓冲弹簧;9—底脚螺丝;10—滑块

(1)导轨。导轨是长 1.2~1.5 m,固定于工字钢上的三角形中空铝管,在管上部相邻的两个侧面上钻有两组等距离的小孔,小孔直径为 0.4 mm 左右,导轨一端装有进气嘴,当压缩空气由进气嘴送入管腔后,就从小孔喷出高速气流。在导轨上还装有缓冲弹簧和调节水平用的底脚螺丝等附件。

(2)滑块由长约 15 cm 的角形铝材制成,其内表面与导轨的两个侧面精密吻合。当导轨上小孔喷出气流时,在滑块与导轨之间便形成很薄的气层(也就是所谓的气垫),使滑块悬浮在导轨上,故滑块能在导轨上做接近于无摩擦的运动。滑块两端也装有缓冲弹簧,中部装有用来测量时间间隔的挡光板。

(3)光电计时装置由光电门、光电控制器和毫秒计组成。在导轨的一个侧面安装位置可以移动的光电门(它由光电二极管和小聚光灯组成),它能测定滑块在气垫导轨上不同位置的速度。将光电二极管的两极通过导线和毫秒计的光控输入端相接,当光电门中的聚光小灯泡射向光电二极管的光被运动滑块上的挡光板所遮挡时,光电控制器立即输出计时脉冲,毫秒计开始计时,待滑块通过,挡光结束,光电控制器输出一个停止计时脉冲,使毫秒计停止计时,这时毫秒计显示的数字就是开始挡光到挡光结束的时间间隔。若挡光板的宽度为 Δx,毫秒计所显示的时间为 Δt,则可求得滑块经过光电门时的平均速度 $\bar{v} = \dfrac{\Delta x}{\Delta t}$。如果适当地减小挡块板的宽度 Δx,使得挡光板通过光电门的时间 Δt 非常短暂,则上述平均速度就近似为瞬时速度。

【实验原理】

当气垫处于水平时,导轨上的滑块由于受气垫的漂浮作用和重力作用,静止于导轨上。如果给滑块一初速度,则滑块将做匀速直线运动,此时,滑块的路程与时间成正比,二者的比值就是速度,即

$$\frac{S_1}{t_1} = \frac{S_2}{t_2} = \cdots = v$$

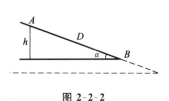

图 2-2-2

若将导轨调整为具有一倾角 α，如图 2-2-2 所示，则滑块从上往下做匀加速直线运动，在某时刻 t 到达某点 A 的瞬时速度，就是在时刻 t 附近无限短时间间隔 Δt 内平均速度的极限值，因此瞬时速度 v 和平均速度 $\bar{v}$ 分别为

$$v = \lim_{\Delta t \to 0} \frac{\Delta x}{\Delta t}, \quad \bar{v} = \frac{\Delta x}{\Delta t} \quad (2-2-1)$$

如果能测得滑块上宽为 Δx 的挡光板经过 A 点的时间 Δt，当 Δt 无限短时，$\dfrac{\Delta x}{\Delta t}$ 可近似看作滑块经 A 点时的瞬时速度。滑块的加速度为

$$a = g\sin\alpha$$

设滑块经某点 A 的速度差为 v_A，经某点 B 的速度为 v_B，A、B 间的路程为 D，A、B 两点水平高度差为 h，则有

$$a = \frac{v_B^2 - v_A^2}{2D} \quad (2-2-2)$$

$$a = g\sin\alpha = g\frac{h}{D} \quad (2-2-3)$$

在 A、B 处各放一个光电门，分别测出滑块在 A、B 处的速度（用宽为 Δx 的挡光板经过光电门时的平均速度 $\dfrac{\Delta x}{\Delta t}$ 代替瞬时速度），即可用式（2-2-2）求得加速度，并可用式（2-2-3）验证。

【实验步骤】

1. 测量速度

（1）将导轨调整为水平状态。

（2）调节气垫导轨一端底脚螺丝，使导轨倾斜一角度 α，记下 B 点 10.0 cm 处和 A 点 110.0 cm 处（$D=100.0$ cm）的水平高度差 h。

（3）计时仪置 0.1 ms 挡，将一光电门置于导轨上某位置，接好导线。在滑块上装一宽度为 5.0 cm 的挡光片，让滑块从高端起点自由下滑，记录毫秒计的读数 Δt。重复测量 4 次，将数据记入表 2-2-1 中。

表 2-2-1

$h=$ _____ cm $D=$ _____ cm

Δx/cm	Δt/s				$\overline{\Delta t}$/s	$\bar{v}$/(cm/s)
5.0						
4.0						
3.0						
2.0						
1.0						

(4) 取下滑块,改变挡光片的宽度 Δx,使 Δx 依次为 4.0 cm、3.0 cm、2.0 cm、1.0 cm,重复步骤(3),测量 Δt,并记入表 2-2-1 中。

注意:挡光片应如何安装才正确?

(5) 以 Δt 为横坐标,以 $\bar{v}$ 为纵坐标,在直角坐标纸上作 $\bar{v}$-Δt 图线,并由图外推求出 $\Delta t \to 0$ 时的数值 v,v 即为滑块经过此点的瞬时速度。

2. 测量加速度

(1) 在滑块上安装 Δx 为 2.0 cm 的挡光片,将光电门置于导轨上距端点 25 cm 处(即 $s=25$ cm),让滑块从高端起点自由下滑,记下滑块经过光电门的时间 Δt,重复 3 次并取平均值。数据记录在表 2-2-2 中。

表 2-2-2

s/cm						
$\Delta t/s$	1					
	2					
	3					
	$\overline{\Delta t}$(平均)					
$v/(cm/s)$						
$a/(cm/s^2)$						

(2) 改变光电门的位置,使之依次等距离增加(如 $s=50.0$ cm、75.0 cm、100.0 cm 和 125.0 cm 等),重复步骤(1),算出各相应位置的速度。

$$\bar{a} = \underline{\hspace{5cm}}$$

(3) 求加速度。可用任两速度和滑块通过的距离由式(2-2-2)计算求出 a,最后取平均值。在求平均值之前,首先去掉误差较大的数据或重做实验。

(4) 量出导轨两端底脚螺丝间的距离 L,量出导轨由水平至调高一端的高度 H。由于式(2-2-3)中 A、B 两点水平高度差 h 不易测量准确,故以测 H 代替之。在角度较小时,$\sin\alpha \approx \tan\alpha = \dfrac{H}{L}$,所以 $a = g \cdot \dfrac{H}{L}$,由此式计算加速度 a 的理论值,比较步骤(3),算出 a 的误差。

【思考题】

1. 滑块挡光片怎样安装才能使测量结果最准?路程应如何测量才正确?

2. 除用平均速度 $\dfrac{\Delta s}{\Delta t}$ 通过作图法推求瞬时速度外,还有别的方法吗?试简述之。

【习题】

1. 气垫导轨未调水平会给加速度的测量带来什么影响?若产生误差,是正误差还是负误差,是随机误差还是系统误差?

2. 用所测得的 h、D 或者 H、L 计算加速度 a 的理论值,计算实验测得的加速度的相对误差。

3. 在导轨水平的情况下,在一端装一个滑轮,用细线连接滑块 m_1 与砝码盘 m_2,由方程式 $m_2g - T = m_2a$ 和 $T = m_1a$ 设计一个实验,外力一定,检验物体质量与物体运动加速度的关系。滑块用铝制或铁制,简述步骤(选做)。

实验三　弹簧振子的简谐振动

【实验目的】

(1) 测量弹簧振子的振动周期 T。
(2) 求弹簧的弹性系数 $\bar{k}$ 和有效质量 $\bar{m}$。

【实验仪器】

气垫导轨、滑块、附加砝码、弹簧、光电门、数字毫秒计。

【仪器描述】

实验装置如图 2-3-1 所示。在相同的两个弹簧中间系一滑块,滑块可以在水平气垫导轨上做往返振动,利用一个光电门配合计时仪测量滑块的振动周期。把专用连接线的一端接在光电门上,另一端(即插头)插到计时仪面板上的"光电"插座,将此"光电"插座上的开关扳向"输入"一边,将另一"光电"插座上的开关扳向"短接"一边;将"光电-电位"开关扳向"光电";毫秒计的信号选择指示数调整到 2,在仪器的这种工作状态下,轻轻地拉动滑块,然后松手,挡光板连同滑块经过光电门往返运动(振动),光电门第一次遮光时开始计时,第二次遮光时停止计时。因此,无论滑块是先从右边通过光电门(见图 2-3-2(a)),还是先从左边通过光电门(见图 2-3-2(b)),都可以记下滑块的振动周期。

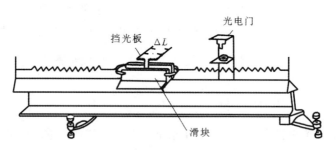

图 2-3-1

由上述的使用方法可以看出,在图 2-3-2(a)所示的情况下,当挡光板 A—A 边运动到右端极限位置时,要求保持光电门仍处于遮光状态,也就是要保证 B—B 边始终在光电门的左边,这样计时仪才能正确记下滑块的振动周期。在图 2-3-2(b)所示的情况下,也有类似的要求,不过情况正好相反,它是要保证 A—A 边始终在光电门的右边。

在滑块上加砝码,可以改变滑块的质量。每次加减砝码应同时使用两块,在挡光板两侧对

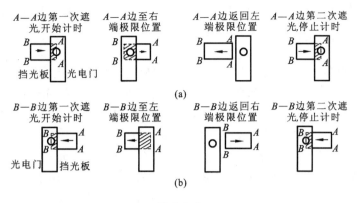

图 2-3-2

称地增减,使滑块的整个质量均匀地分布在气垫导轨上。

砝码上标有号码,可以在天平上称出它的质量。

【实验原理】

在水平的气垫导轨上,在两个相同的弹簧中间系一滑块,滑块做往返振动,如图 2-3-3 所示。如果不考虑滑块运动的阻力,那么,滑块的振动可以看成是简谐振动。

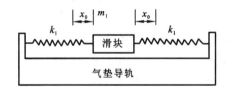

图 2-3-3

设质量为 m_1 的滑块处于平衡位置,每个弹簧的伸长量为 x_0,当 m_1 距平衡点 x 时,m_1 只受弹性力 $-k_1(x+x_0)$ 与 $-k_1(x-x_0)$ 的作用,其中 k_1 是弹簧的弹性系数。根据牛顿第二定律,有运动方程

$$-k_1(x+x_0)-k_1(x-x_0)=m\ddot{x}$$

令

$$k=2k_1$$

则有

$$-kx=m\ddot{x} \tag{2-3-1}$$

式(2-3-1)的解为

$$x=A\sin(\omega_0 t+\varphi_0) \tag{2-3-2}$$

这说明滑块的振动可以看成是简谐振动。式(2-3-2)中,A 为振幅,φ_0 为初相位。

$$\varphi_0=\sqrt{\frac{k}{m}} \tag{2-3-3}$$

式中,φ_0 为振动系统的固有圆频率,而

$$m=m_1+m_0 \tag{2-3-4}$$

式中,m 为振动系统的有效质量,m_0 为弹簧的有效质量,m_1 为滑块和砝码的质量。

φ_0 由振动系统本身的性质所决定。振动周期 T 与 φ_0 有下列关系:

$$T=\frac{2\pi}{\omega_0}=2\pi\sqrt{\frac{m}{k}}=2\pi\sqrt{\frac{m_1+m_0}{k}} \tag{2-3-5}$$

在实验中,我们改变 m_1,测出相应的 T,考虑 T 与 m 的关系,从而求出 $\bar{k}$ 和 $\bar{m}$。

【实验步骤】

(1) 按气垫导轨和计时仪的使用方法和要求,将仪器调整到正常工作状态。

图 2-3-4

(2) 令滑块(未加砝码)处于平衡位置,把光电门放在挡光板 A—A 边上,如图 2-3-4 所示,先按图 2-3-2(a)所示的方法测量振动周期 T_A,为此可将滑块拉至某一位置,并注意使振幅小于挡光板的宽度 b,然后放手让滑块振动。当挡光板的 A—A 边第二次挡光时,应停止滑块的振动,记录 T_A 的值,要求记录 5 位有效数字,共测 T_A 10 次。

(3) 按图 2-3-2(b)所示的方法测量振动周期 T_B,为此,移动光电门并放在挡光板 B—B 边上,重复步骤(2),共测量 10 次。

取 T_A 和 T_B 的平均值作为振动周期 T,与 T 相应的振动系统的有效质量是 $m=m_1+m_0$,其中 m_1 就是滑块本身(未加砝码块)的质量,m_0 为弹簧的有效质量。

(4) 在滑块上对称地加两块砝码,再按步骤(2)和步骤(3)测量相应的周期 T,这时系统的有效质量 $m=m_2+m_0$,其中 m_2 应是滑块本身质量加上两块砝码的质量和。

(5) 用 $m=m_3+m_0$ 和 $m=m_4+m_0$ 测量相应的周期 T。式中,
$$m_3=m_1+\text{"4 块砝码的质量"}$$
$$m_4=m_1+\text{"6 块砝码的质量"}$$
注意记录每次所加砝码的号数,以便称出各自的质量。

(6) 测量完毕,先取下滑块、弹簧等,再关闭气源,切断电源,整理好仪器。

(7) 在天平上称衡两弹簧的实际质量,并与其有效质量进行比较。

【数据处理】

1. 用一次逐差法处理数据

由下列公式:

$$\begin{cases} T_1^2=\dfrac{4\pi^2}{k}(m_1+m_0) \\[2mm] T_2^2=\dfrac{4\pi^2}{k}(m_2+m_0) \\[2mm] T_3^2=\dfrac{4\pi^2}{k}(m_3+m_0) \\[2mm] T_4^2=\dfrac{4\pi^2}{k}(m_4+m_0) \end{cases} \tag{2-3-6}$$

$$\begin{cases} T_3^2-T_1^2=\dfrac{4\pi^2}{k}(m_3-m_1), & k'=\dfrac{4\pi^2(m_3-m_1)}{T_3^2-T_1^2} \\[2mm] T_4^2-T_2^2=\dfrac{4\pi^2}{k}(m_4-m_2), & k''=\dfrac{4\pi^2(m_4-m_2)}{T_4^2-T_2^2} \end{cases} \tag{2-3-7}$$

得
$$\bar{k}=\frac{1}{2}(k'+k'') \tag{2-3-8}$$

如果由式(2-3-7)得到 k' 和 k'' 的数值是一样的(即两者之差不超过测量误差的范围),说明

式(2-3-5)中 T 与 m 的关系是成立的。将平均值 $\bar{k}$ 代入式(2-3-6)，得

$$m_{0i} = \frac{\bar{k} T_i^2}{4\pi^2} - m_i \quad (i = 1, \cdots, 4) \tag{2-3-9}$$

$$\bar{m}_0 = \frac{1}{4} \sum_{i=1}^{4} m_{0i} \tag{2-3-10}$$

平均值 $\bar{m}_0$ 就是弹簧的有效质量。

2．用作图法处理数据

以 T_i^2 为纵坐标，以 m_i 为横坐标，作 T_i^2-m_i 图，得直线，该直线的斜率为 $\dfrac{4\pi^2}{k}$，截距为 $\dfrac{4\pi^2}{k} m_0$，由此可以求出 k 和 m_0。

【思考题】

仔细观察，可以发现滑块的振幅是不断减小的，那么为什么还可以认为滑块做简谐振动？实验中应如何尽量保证滑块做简谐振动？

【习题】

1．整理实验数据，用逐差法求弹簧的弹性系数 $\bar{k}$ 和有效质量 $\bar{m}_0$。

2．弹簧的实验质量与有效质量相比，哪一个大？求出两者之比。

3．用作图法处理实验数据，并计算出弹簧的弹性系数 $\bar{k}$ 和有效质量 $\bar{m}_0$。

实验四　驻波法测声速

【实验目的】

（1）用驻波法测定空气中的声速。

（2）学会用一次逐差法处理实验数据。

【实验仪器】

声波驻波仪、信号源、示波器、连接线等。

【仪器描述】

声波驻波仪由压电换能系统 A 和 B、游标卡尺、固定支架等部件组成。仪器装置如图2-4-1所示。压电换能系统是将声波（机械振动）和电信号相互转换的装置，它的主要部件是压电换能片。当输给一个电信号时，压电换能系统便按电信号的频率做机械振动，从而推动空气分子振动产生平面声波。压电换能系统受到机械振动后，又会将机械振动转换为电信号。

压电换能系统 A 作为平面声波发生器，电信号由低频信号发生器供给，电信号的频率读数由数字频率计读出；压电换能系统 B 作为声波信号接收器和反射面固定于游标卡尺的附尺上，转换的电信号由毫伏表指示。为了在两系统中的1和2端面间形成驻波，两端面必须严格平行。

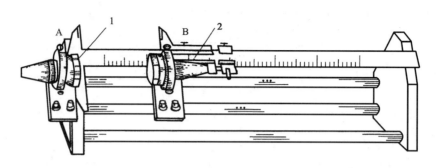

图 2-4-1
1—平面声波发生器;2—声波信号接收器

【实验原理】

振动在弹性介质中传播就形成波。波在介质中的传播速度 v 完全由介质的物理性质决定。声波是一种在弹性媒质中传播的机械波,它和振源的频率 f、波长 λ 有如下关系:

$$v = f\lambda \tag{2-4-1}$$

声波在空气中传播的速度可用式(2-4-1)进行测量。本实验采用驻波法。首先,要在空气中形成驻波。

一列行波以某一频率在介质中沿一直线传播时,若遇到障碍,就在其界面以相同的频率、相同的振幅、相同的振动方向、沿同一直线反射回去,叠加成驻波。驻波某些点的振动始终加强,其振幅是两列行波的振幅之和,这些点称为波腹;而另一些点的合振幅为零,这些点称为波节。相邻两波节或两波腹间的距离就是半个波长。

波在发生反射的界面处是形成波节还是形成波腹,与两种介质的密度有关。如果波是从较密的介质反射到较疏的介质,则在反射处形成波节,反之形成波腹。要在空气中形成驻波,可按图 2-4-2 所示调节仪器。在图 2-4-2 中,设 1 为压电换能系统平面声波发生器,2 为反射界面和接收器,1、2 两系统的端面相向且严格平行,当 1、2 两端面间的距离 $L = n \cdot \dfrac{\lambda}{2}$($n = 1, 2, 3, \cdots$)时,系统 1 所发生的平面声波向系统 2 传播,且在 2 的端面发生反射,于是,声波在系统 1、2 两端面间形成驻波,反射面 2 处是波节。若端面间的距离 $L \neq n \cdot \dfrac{\lambda}{2}$,则不能形成驻波。

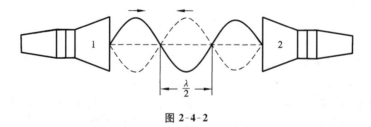

图 2-4-2

在声波中,波腹处的声压(即空气中因声波传播产生的附加压强)最小,波节处的声压最大。所以当 1、2 两端面间形成驻波时,2 的端面是波节,声压最大;当 1、2 两端面间未形成驻波时,2 端面处声压较小,故可从 2 端面处声压的变化来判断驻波是否形成。

当系统 1、2 两端面间的距离为 L_1 时：

$$L_1 = n\frac{\lambda}{2} \tag{2-4-2}$$

系统 1、2 端面间形成驻波，2 端面处的声压最大。改变 L_1 的距离，2 端面处的声压减小，直到系统 1、2 端面间的距离改变到 L_2 时：

$$L_2 = (n+1)\frac{\lambda}{2} \tag{2-4-3}$$

2 端面处的声压又达到最大，由式(2-4-2)、式(2-4-3)可得

$$\lambda = 2(L_2 - L_1) \tag{2-4-4}$$

由上可知，在实验中精确地测出 L_1 和 L_2，即可得到确定的波长 λ，从而由式(2-4-1)计算出声速 v。

声波在弹性介质中传播的速度，不仅由介质的物理性质决定，而且与温度有密切关系。声波在理想气体中的传播速度为

$$v = \sqrt{\frac{T\gamma R}{\mu}} \tag{2-4-5}$$

式中，R 为摩尔气体常数（$R = 8.314\ \text{J/(mol·K)}$），$\mu$ 为空气分子的摩尔质量，$\gamma = C_P/C_V$ 是气体定压比热容与定容比热容之比，T 是绝对温度。

由此可见，影响声速的主要因素是温度，显然有

$$v = \sqrt{T\frac{\gamma R}{\mu}} = \sqrt{(273.15 + t)\frac{\gamma R}{\mu}} = \sqrt{273.15\frac{\gamma R}{\mu}}\sqrt{1 + \frac{t}{273.15}} = v_0\sqrt{1 + \frac{t}{273.15}}$$

$$\tag{2-4-6}$$

式中：$v_0 = 331.45\ \text{m/s}$，它是 0 ℃时的声速；t 是摄氏温度。

由式(2-4-6)可计算出在任一温度下，声波在理想气体中的传播速度。

【实验步骤】

（1）用屏蔽导线连接好测量系统。

（2）打开信号源和示波器且将仪器调到最佳测量状态。

（3）移动游标卡尺的附尺，将压电换能系统 A 和 B 分开放置在任意位置，将信号发生器的频率旋钮从频率刻度的低端极向高端极缓慢地旋转，并观察电压值的指示，当指示数值达到最大时，从频率计上记下频率读数，并使其在实验中保持不变。

做这一步的目的在于找到一个适当频率，在此频率下压电换能系统有较高的发射和接收效率，便于测量。这个频率通常在 35 000～39 000 Hz 内。

（4）极缓慢地调节游标卡尺的附尺，使压电换能系统 B 缓慢地离开压电换能系统 A，同时仔细观察示波器上显示的电压值，每出现一个读数达到最大值后，此时从游标卡尺上读出两系统间的距离，做好记录，共测 16 个数据。注意：只沿某一方向连续测量。

（5）记录室温。

（6）关断仪器电源，整理好仪器和用具。

（7）用一次逐差法处理实验数据。

（8）实验数据表格如表 2-4-1 所示。

表 2-4-1

$$f=\text{_____}\ \text{Hz} \qquad t=\text{_____}\ ℃$$

1～4	5～8	9～12	13～16

相对误差：

$$E_v=\frac{|v_{实}-v_{理}|}{v_{理}}\times 100\%$$

【注意事项】

（1）测量 L 时必须轻而缓慢地调节，手勿压游标卡尺，以免主尺弯曲而引起误差。

（2）注意信号源不要短路，以防烧坏仪器。

（3）旋转各仪器的旋钮时不能用力过猛。

【思考题】

1. 在本实验装置中驻波是怎样形成的？

2. 为什么在测 L 时不测量波腹间的距离而要测波节间的距离？

3. 当两压电换能系统端面间的距离较远，信号又较弱时，电压的量程太大不便于观察，应当如何处理？

【习题】

1. 根据测量数据计算声速及其相对误差。

2. 本实验装置可用作温度计吗？ 如果 L 的测量精度为 0.002 mm，在频率不变的情况下，能测到的最小温度变化是多少？

实验五　用动态法测定金属的杨氏模量 ▏▏▏▏▏▏▏▏

用拉伸法测定金属的杨氏模量时，拉伸法属于静态法，一般适用于较大的形变和常温下的测量。由于拉伸时载荷大，加载速度慢，存有弛豫过程，故采用该方法不能真实地反映材料内部结构的变化。脆性材料（如玻璃、陶瓷等）无法用这种方法测量，拉伸法也不能测量在不同温度时材料的杨氏模量。动态法不仅可以克服以上缺点，而且具有实用价值。

【实验目的】

（1）学习用动态法测定材料的杨氏模量。

（2）正确判别材料的共振峰值。

（3）测量不同类型材料的杨氏模量。

【仪器用具】

功率函数信号发生器、激振器、拾振器、示波器、天平、游标卡尺、螺旋测微器、测试架等。

【实验原理】

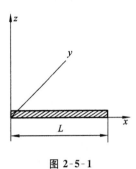

图 2-5-1

一根细长棒（$d \ll L$）如图 2-5-1 所示。该细长棒的横振动满足下列动力学方程：

$$\frac{\partial^2 \eta}{\partial t^2} + \frac{EI\partial^4 \eta}{\rho S \partial x^4} = 0 \qquad (2\text{-}5\text{-}1)$$

该细长棒的轴线沿 x 方向。式（2-5-1）中，η 为该细长棒 x 处截面在 z 方向上的位移，E 为该细长棒的杨氏模量，ρ 为材料密度，S 为该细长棒的横截面积，I 为某截面对该细长棒中心轴线的惯性矩。

用分离变量法求解式（2-5-1），令

$$\eta(x,t) = X(x)T(t)$$

则

$$\frac{1}{X}\frac{\mathrm{d}^4 X}{\mathrm{d}x^4} = -\frac{\rho S}{EI} \cdot \frac{1}{T}\frac{\mathrm{d}^2 T}{\mathrm{d}t^2}$$

等式两边分别是两个变量 x 和 t 的函数，只有在等式两端都等于同一个任意常数时才有可能成立。设此常数为 K^4，于是有

$$\frac{\mathrm{d}^4 X}{\mathrm{d}x^4} - K^4 X = 0$$

$$\frac{\mathrm{d}^2 T}{\mathrm{d}t^2} + \frac{K^4 EI}{\rho S}T = 0$$

设细长棒中每点都做简谐振动，这两个线性常微分方程的通解分别为

$$X(x) = B_1 \mathrm{ch}(Kx) + B_2 \mathrm{sh}(Kx) + B_3 \cos(Kx) + B_4 \sin(Kx)$$

$$T(t) = A\cos(\omega t + \varphi)$$

于是横振动方程式（2-5-1）的通解为

$$\eta(x,t) = [B_1 \mathrm{ch}(Kx) + B_2 \mathrm{sh}(Kx) + B_3 \cos(Kx) + B_4 \sin(Kx)] \cdot A\cos(wt + \varphi) \quad (2\text{-}5\text{-}2)$$

式中

$$\omega = \left(\frac{K^4 EI}{\rho S}\right)^{\frac{1}{2}} \qquad (2\text{-}5\text{-}3)$$

式（2-5-3）称为频率公式。它对任意形状的截面、不同边界条件的试样都是成立的。我们只要用特定的边界条件定出常数 K，代入特定截面的惯量矩 I，就可以得到具体条件下的关系式。对于用细线悬挂起来的棒，如果悬点在试样的节点（处于共振状态的棒中位移恒为零的位置）附近，如图 2-5-2 中 J、J' 所示位置，则棒的两端均处于自由状态。此时的边界条件为两端横向作用力 F 和弯矩 M 均为零，而

$$F = -\frac{\partial M}{\partial X} = -EI\frac{\partial^3 \eta}{\partial x^3}, \quad M = EI\frac{\partial^2 \eta}{\partial x^2}$$

故有

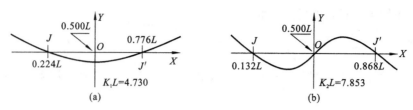

图 2-5-2

$$\frac{\mathrm{d}^3 X}{\mathrm{d}x^3}\bigg|_{x=0}=0, \quad \frac{\mathrm{d}^3 X}{\mathrm{d}x^3}\bigg|_{x=1}=0$$

$$\frac{\mathrm{d}^2 X}{\mathrm{d}x^2}\bigg|_{x=0}=0, \quad \frac{\mathrm{d}^2 X}{\mathrm{d}x^2}\bigg|_{x=1}=0$$

将通解代入边界条件,可以得到

$$\cos(KL) \cdot \mathrm{ch}(KL)=1 \tag{2-5-4}$$

用数值解法求得本征值 K 和棒长 L 应满足:

$$K_n L = 0, 4.730, 7.853, 10.996, 14.137, \cdots$$

图 2-5-2 为两端自由的棒弯曲振动时前两阶振幅的分布(对称、反对称形),其中 $K_0 L = 0$ 的根对应于静止状态,因此将 $K_1 L = 4.730$ 记作第一个根,对应的振动频率称为基振频率,此时振幅分布如图 2-5-2(a) 曲线所示。图 2-5-2(b) 曲线对应于 $K_2 L = 7.853$ 状态。由图可见,试样在做基频振动时,存在两个节点,根据计算,它们的位置距离端面分别为 $0.224L$ 和 $0.776L$。将第一个本征值 $K_1 = \dfrac{4.730}{L}$ 代入式(2-5-3),可以得到自由振动的固有频率(基频)为

$$\omega = \left(\frac{4.730^4 EI}{\rho L^4 S}\right)^{\frac{1}{2}}$$

可以得杨氏模量为

$$E = 1.997\ 8 \times 10^{-3} \frac{\rho L^4 S}{I}\omega^2 = 7.887\ 0 \times 10^{-2}\frac{L^3 m}{I}f^2$$

对于直径为 d 的圆棒,惯量矩 $I = \iint\limits_S z^2 \cdot \mathrm{d}S = \dfrac{\pi d^4}{64}$,代入上式,可得到

$$E = 1.606\ 7\frac{L^3 m}{d^4}f^2 \tag{2-5-5}$$

式(2-5-5)就是本实验的原理计算公式。

式(2-5-5)中,若试样的几何尺寸以 m 为单位,质量以 kg 为单位,频率 f 以 Hz 为单位,则杨氏模量的单位为 N/m²。

【习题】

1. 自己设计实验步骤和数据表格,分别用动态支承法、悬挂法测不同样品的杨氏模量。

2. 试举出至少三种真假共振峰的差别方法,以便确定真正的共振频率。

3. 由于样品不能满足 $d \ll L$,故式(2-5-5)应乘上修正系数 a,根据样品情况确定该修正系数 a。

4. 试对测量结果进行误差估计计算,并求出 $\dfrac{\Delta E}{E}$。

5. 自己动手制作一种材料样品,测出 E。

实验六　三线摆测物体的转动惯量

转动惯量是刚体转动惯性大小的量度,是表征刚体特性的一个物理量。转动惯量的大小除与刚体质量有关外,还与转轴的位置和质量分布(即形状、大小和密度)有关。如果刚体形状简单,且质量分布均匀,可直接计算出它绕特定轴的转动惯量。但在工程实践中,我们常碰到大量形状复杂,且质量分布不均匀的刚体,转动惯量的理论计算极为复杂,通常采用实验方法来测定。

转动惯量的测量,一般都使刚体以一定的形式运动,通过表征这种运动特征的物理量与转动惯量之间的关系,进行转换测量。测量刚体转动惯量的方法有多种,三线摆法是具有较好物理思想的实验方法,它具有设备简单、直观、测试方便等优点。

【实验目的】

(1) 学会用三线摆法测定物体的转动惯量。

(2) 学会用累积放大法测量周期运动的周期。

(3) 验证转动惯量的平行轴定理。

【实验仪器】

DH4601 转动惯量测试仪、DH4601 转动惯量实验机架、圆环、圆柱体、米尺、游标卡尺、物理天平以及待测物体等。

【实验原理】

图 2-6-1 所示是三线摆实验装置的示意图。上、下圆盘均水平悬挂在横梁上。三根对称分布的等长悬线将两圆盘相连。上圆盘固定,下圆盘可绕中心轴 OO' 做扭摆运动。当下圆盘转动角度很小,且略去空气阻力时,下圆盘的扭摆运动可近似看作简谐运动。根据能量守恒定律和刚体转动定律均可以导出下圆盘绕中心轴 OO' 的转动惯量(推导过程见本实验附录):

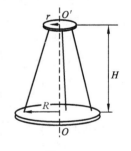

图 2-6-1

$$I_0 = \frac{m_0 g R r}{4\pi^2 H_0} T_0^2 \qquad (2\text{-}6\text{-}1)$$

式中,m_0 为下圆盘的质量,r、R 分别为上、下悬点离各自圆盘中心的距离,H_0 为平衡时上、下圆盘间的垂直距离,T_0 为下圆盘做简谐运动的周期,g 为重力加速度(在武汉地区 $g = 9.793 \text{ m/s}^2$)。

将质量为 m 的待测物体放在下圆盘上,并使待测物体的转轴与 OO' 轴重合。测出此时摆运动周期 T_1 和上、下圆盘间的垂直距离 H,同时可求得待测物体和下圆盘对中心转轴 OO' 轴的总转动惯量为

$$I_1 = \frac{(m_0 + m) g R r}{4\pi^2 H} T_1^2 \qquad (2\text{-}6\text{-}2)$$

如果不计因质量变化而引起悬线伸长,则有 $H \approx H_0$。那么,待测物体绕中心轴的转动惯量为

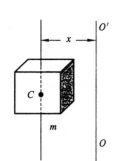

图 2-6-2

$$I = I_1 - I_0 = \frac{gRr}{4\pi^2 H}\left[(m+m_0)T_1^2 - m_0 T_0^2\right] \tag{2-6-3}$$

因此,通过对长度、质量和时间的测量,便可求出刚体绕某轴的转动惯量。

用三线摆法还可以验证平行轴定理。若质量为 m 的物体绕通过其质心的轴转动的转动惯量为 I_C,当转轴平行移动距离 x(见图 2-6-2)时,则此物体对新轴 OO' 的转动惯量为 $I_{OO} = I_C + mx^2$。这一结论称为转动惯量的平行轴定理。

实验时将质量均为 m'、形状和质量分布完全相同的两个小圆柱体对称地放置在下圆盘上(下圆盘有对称的两个小孔)。按同样的方法测出两小圆柱体和下圆盘绕中心轴 OO' 的转动周期 T_x,则可求出每个小圆柱体对中心轴 OO' 的转动惯量:

$$I_x = \frac{(m_0 + 2m')gRr}{4\pi^2 H}T_x^2 - I_0 \tag{2-6-4}$$

如果测出小圆柱中心与下圆盘中心之间的距离 x 以及小圆柱体的半径 R_x,则由平行轴定理可求得

$$I_x' = m'x^2 + \frac{1}{2}m'R_x^2 \tag{2-6-5}$$

比较 I_x 与 I_x' 的大小,可验证平行轴定理。

【仪器操作】

(1) 打开电源,程序预置周期 T 为"30"(数显),即小球来回经过光电门的次数为 $N = 2T + 1$ 次。

(2) 根据具体要求,若要设置 50 个周期,先按"置数"键开锁,再按"上调"键(或"下调"键)改变周期 T,当 $T =$ "50"时,再按"置数"键锁定,此时,即可按"执行"键开始计时,信号灯不停闪烁,即处于计时状态,当物体经过光电门的周期次数达到设定值,数显将显示具体时间,单位为"秒"。重复执行"50"周期时,无须重设置,只要按"返回"键即可回到上次刚执行的周期数"50",再按"执行"键,便可以第二次计时。

断电再开机时,程序从头预置 30 次周期,须重复上述步骤。

(3) 本仪器计时周期 T 的设置范围为"0~99"。

【实验步骤】

1. 用三线摆法测定圆环对通过其质心且垂直于环面的轴的转动惯量。

2. 用三线摆法验证平行轴定理。实验步骤要点如下:

(1) 调整机架至水平:底座有三个调整旋钮,这三个调整旋钮可以高低调整,使底座上水平仪的水泡在中心。

(2) 调整下圆盘至水平:首先松开卡位旋钮,再调整上圆盘上的三个旋钮,改变三根悬线的长度,直至下圆盘水平。

(3) 测量空盘绕中心轴 OO' 转动的运动周期 T_0:轻轻转动上圆盘,带动下圆盘转动,这样可以避免下圆盘在做扭摆运动时晃动。注意扭摆的转角控制在 5° 以内。用累积放大法测出扭摆运动的周期(用秒表测量累积 30 至 50 个周期的时间,然后求出其运动周期,为什么不直接测量

一个周期?)。

(4)测出待测圆环与下圆盘共同转动的周期 T_1:将待测圆环置于下圆盘上,使两者中心重合,按同样的方法测出它们一起运动的周期 T_1。

(5)测出两小圆柱体(对称放置)与下圆盘共同转动的周期 T_x。

(6)测出上下圆盘三悬点之间的距离 a 和 b,然后算出悬点到中心的距离 r 和 R(等边三角形外接圆半径)。

(7)其他物理量的测量:用米尺测出两圆盘之间的垂直距离 H_0 和放置两小圆柱体的小孔间距 $2x$;用游标卡尺测出待测圆环的内、外直径 $2R_1$、$2R_2$ 和小圆柱体的直径 $2R_x$。

(8)记录各刚体的质量。

【数据处理】

(1)实验数据记录,并填表 2-6-1 和表 2-6-2。

$r = \dfrac{\sqrt{3}}{3}a = $ _____ $\qquad R = \dfrac{\sqrt{3}}{3}b = $ _____

$H_0 = $ _____ $\qquad$ 下圆盘质量 $m_0 = $ _____

待测圆环质量 $m = $ _____ $\qquad$ 小圆柱体质量 $m' = $ _____

表 2-6-1 累积放大法测量周期运动的周期数据记录参考表格

	下圆盘		下圆盘加圆环		下圆盘加两小圆柱体	
摆动 50 次所需 时间/s	1		1		1	
	2		2		2	
	3		3		3	
	4		4		4	
	5		5		5	
	平均		平均		平均	
周期	$T_0 = $	S	$T_1 = $	S	$T_x = $	S

表 2-6-2 有关长度多次测量数据记录参考表

次数	项目					
	上圆盘悬孔 间距 a/cm	上圆盘悬孔 间距 b/cm	待测圆环		小圆柱体直径 $2R_x$/cm	放置小圆柱体 的小孔间距 $2x$/cm
			外直径 $2R_1$/cm	内直径 $2R_2$/cm		
1						
2						
3						
4						
5						
平均						

(2)待测圆环测量结果计算,并与理论计算值比较,求相对误差并进行讨论。已知理想圆

环绕中心轴转动惯量的计算公式为 $I_{理论}=\dfrac{m}{2}(R_1^2+R_2^2)$。

（3）求出小圆柱体绕自身轴转动的转动惯量，并与理论计算值$\left(I_{理}=\dfrac{m'}{2}R_x'^2\right)$比较，验证平行轴定理。

【思考题】

1. 用三线摆法测刚体的转动惯量时，为什么必须保持下圆盘水平？

2. 在测量过程中，下圆盘出现晃动对周期的测量有影响吗？如果有影响，应如何避免？

3. 下圆盘上放上待测物体后，其摆动周期是否一定比空盘时的转动周期大？为什么？

4. 测量圆环的转动惯量时，圆环的转轴与下圆盘的转轴不重合，对实验结果有何影响？

5. 如何利用三线摆法测定任意形状的物体绕某轴的转动惯量？

6. 三线摆在摆动中受空气阻力作用，振幅越来越小，它的周期是否会变化？空气阻力对测量结果影响大吗？为什么？

【附录】

转动惯量测量式的推导

当下圆盘扭转振动，转角 θ 很小时，下圆盘的扭动是一个简谐振动，其运动方程为

$$\theta=\theta_0\sin\left(\frac{2\pi}{T}t\right) \tag{2-6-6}$$

当下圆盘摆离平衡位置最远时，下圆盘的重心升高 h。根据机械能守恒定律有

$$\frac{1}{2}I_0\omega_0^2=mgh \tag{2-6-7}$$

即

$$I_0=\frac{2mgh}{\omega_0^2} \tag{2-6-8}$$

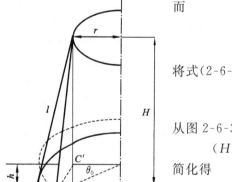

图 2-6-3

而

$$\omega=\frac{\mathrm{d}\theta}{\mathrm{d}t}=\frac{2\pi\theta_0}{T}\cos\left(\frac{2\pi}{T}t\right) \tag{2-6-9}$$

$$\omega_0=\frac{2\pi\theta_0}{T_0} \tag{2-6-10}$$

将式（2-6-10）代入式（2-6-8）得

$$I_0=\frac{mghT_0^2}{2\pi^2\theta_0^2} \tag{2-6-11}$$

从图 2-6-3 中的几何关系中可得

$$(H-h)^2+R^2+r^2-2Rr\cos\theta_0=l^2=H^2+(R-r)^2$$

简化得

$$Hh-\frac{h^2}{2}=Rr(1-\cos\theta_0)$$

略去$\dfrac{h^2}{2}$，且取 $1-\cos\theta_0\approx\theta_0^2/2$，则有

$$h=\frac{Rr\theta_0^2}{2H}$$

代入式（2-6-11）得

$$I_0 = \frac{mgRr}{4\pi^2 H} T_0^2 \tag{2-6-12}$$

即得式（2-6-1）。

实验七　冷却法测量金属的比热容

根据牛顿冷却定律用冷却法测定金属或液体的比热容是量热学中常用的方法之一。若已知标准样品在不同温度的比热容，通过作冷却曲线可求得各种金属在不同温度下的比热容。本实验以黄铜样品为标准样品测定铁、铝合金样品在 100 ℃ 下的比热容。

【实验目的】

（1）掌握用冷却法测固体的比热容。

（2）了解热电偶数字显示测温技术的应用。

【仪器描述】

实验装置如图 2-7-1 所示。

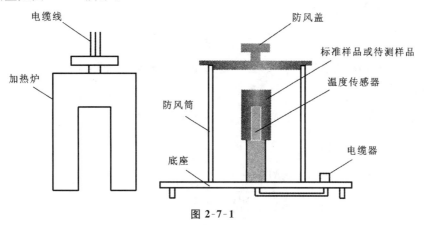

图 2-7-1

YJ-GBR-1 冷却法固体比热容测定仪主机面板如图 2-7-2 所示。

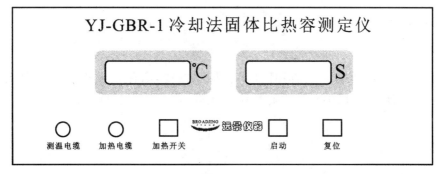

图 2-7-2

【实验仪器】

加热炉,测定仪,保温杯子,镊子,黄铜、铁、铝合金样品,冰块等。

【实验原理】

单位质量的物质温度升高(或降低)1 ℃所吸收(或放出)的热量称为该物质的比热容。单位为卡/(克·度)[cal/(g·℃)]。比热容随温度而变化,即同一物质在不同温度下的比热容是不同的。但在温度变化范围不大时可以认为它是常数。

将质量为 M_1 的金属样品加热到 θ 温度后,放到较低温度 θ_0 介质(如室温空气)中,样品将会逐渐冷却,其单位时间的热量损失 $\Delta Q/\Delta t$ 与温度下降速率 $\Delta\theta/\Delta t$ 成正比,于是得下述关系式:

$$\frac{\Delta Q}{\Delta t} = c_1 M_1 \left(\frac{\Delta\theta}{\Delta t}\right)_1 \tag{2-7-1}$$

式中,c_1 为该金属样品在温度 θ 下的比热容,$\left(\dfrac{\Delta\theta}{\Delta t}\right)_1$ 为该金属样品在 θ 温度时的温度下降速率。

根据冷却定律:

$$\frac{\Delta Q}{\Delta t} = \alpha_1 S_1 (\theta - \theta_0)^m \tag{2-7-2}$$

式中,α_1 为热交换系数,S_1 为该金属样品外表面的面积,m 为常数。

由式(2-7-1)和式(2-7-2)可得

$$c_1 M_1 \left(\frac{\Delta\theta}{\Delta t}\right)_1 = \alpha_1 S_1 (\theta - \theta_0)^m \tag{2-7-3}$$

同理,对质量为 M_2,比热容为 c_2 的另一金属样品(同样温度加热到 θ,然后放到较低温度 θ_0 介质中)有同样的表达式:

$$c_2 M_2 \left(\frac{\Delta\theta}{\Delta t}\right)_2 = \alpha_2 S_2 (\theta - \theta_0)^m \tag{2-7-4}$$

由式(2-7-3)和式(2-7-4)可得

$$\frac{c_1 M_1 \left(\dfrac{\Delta\theta}{\Delta t}\right)_1}{c_2 M_2 \left(\dfrac{\Delta\theta}{\Delta t}\right)_2} = \frac{\alpha_1 S_1 (\theta - \theta_0)^m}{\alpha_2 S_2 (\theta - \theta_0)^m}$$

所以

$$c_2 = c_1 \frac{M_1 \left(\dfrac{\Delta\theta}{\Delta t}\right)_1}{M_2 \left(\dfrac{\Delta\theta}{\Delta t}\right)_2} \cdot \frac{\alpha_2 S_2 (\theta - \theta_0)^m}{\alpha_1 S_1 (\theta - \theta_0)^m}$$

假设两金属样品的形状、尺寸都相同(如细小圆柱体),则有 $S_1 = S_2$;两金属样品表面形状也相同(如涂层色泽等)而周围介质性质也不变,则有 $\alpha_1 = \alpha_2$,上式可简化为

$$c_2 = c_1 \frac{M_1 \left(\dfrac{\Delta\theta}{\Delta t}\right)_1}{M_2 \left(\dfrac{\Delta\theta}{\Delta t}\right)_2} \tag{2-7-5}$$

该式说明:如果已知标准金属样品的比热容 c_1、质量 M_1,待测金属样品质量 M_2 及两金属

样品在温度 θ 时的冷却速率之比 $\left(\dfrac{\Delta\theta}{\Delta t}\right)_1 \Big/ \left(\dfrac{\Delta\theta}{\Delta t}\right)_2$，就可求出待测金属样品的比热容 c_2。

【实验步骤】

1. 称量金属样品质量

用天平称量标准金属样品质量，并把标准金属样品放入防风筒中。

2. 测量标准金属样品的冷却速率

安装实验装置，把加热炉电缆线接在加热电缆座上。数字温度计电缆线接在测温电缆座上，同时把加热炉放入防风筒中，使其刚好与标准金属样品吻合。按下加热开关，把标准金属样品加热到80.0 ℃，关闭加热开关。让加热炉的余温继续加热标准金属样品。标准金属样品达到 85.0 ℃之后，移开加热炉，同时把防风盖盖上，依次测出 80.0 ℃、70.0 ℃、60.0 ℃、50.0 ℃时的冷却速率。

方法如下：当温度降到 81.0 ℃时，按下启动键，等待温度降到 79.0 ℃时再次按启动键，这样就测出了 81.0 ℃到 79.0 ℃时所需要的时间。记下数据，然后按复位键归零。

用同样的方法测出 70.0 ℃、60.0 ℃、50.0 ℃时的冷却速率。

3. 测量待测金属样品的冷却速率

实验步骤同上"1.""2."。注意实验条件要与前者相同，若误差太大，要分析原因并重新测量。实验数据记入表 3-7-1。

表 3-7-1

黄铜的冷却速率	温度 T/℃	81	79	71	69	61	59	51	49
	所需时间 t/s								
	C/(cal/(g·℃))								
铁的冷却速率	温度 T/℃	81	79	71	69	61	59	51	49
	所需时间 t/s								
	C/(cal/(g·℃))								
铝合金的冷却速率	温度 T/℃	81	79	71	69	61	59	51	49
	所需时间 t/s								
	C/(cal/(g·℃))								

【注意事项】

(1) 开始记录数据时动作要敏捷，记录 T、t 要准确。

(2) 小心加热炉因温度过高而烫手。

实验八　热电偶温度计的标度

【实验目的】

(1) 了解热电偶温度计。

（2）"铜-康铜"热电偶温度计的标度。

【实验仪器】

"铜-康铜"热电偶、恒温水浴、冰水瓶、电炉、烧杯、UJ-36 型携带式直流电位差计、玻璃水银温度计。

【仪器描述】

1. 实验装置示意图

如图 2-8-1 所示，将"铜-康铜"热电偶的一个接点（冷端）放在盛有冰和水的保温瓶中，使该

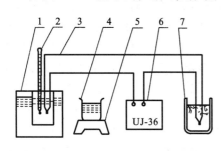

图 2-8-1

1—恒温水浴；2—水银温度计；

3—"铜-康铜"热电偶；4—烧杯；5—电炉；

6—UJ-36 型便携式直流电位差计；7—冰水瓶

接点维持在恒定的 0 ℃。将另一接点（热端）放在恒温水浴的内筒中。恒温水浴升温由它的加热器来实现（接通恒温水浴的"加热开关"即自行加热），手工设定温度后，加热由仪器本身自动完成。沸水通过电炉加热得到。

2. UJ-36 型携带式直流电位差计

本电位差计的工作原理是用滑线电阻上产生的已知压降来补偿热电偶产生的热电动势，测量精度较高。仪器使用方法如下。

（1）将被测电压（或电动势）接到"未知"接线柱上。

（2）把倍率开关旋到"×0.2"的位置上，接通仪器电源，稍待片刻即可调节"调零"旋钮，使检流计指针指零。

（3）将开关"K"扳向标准位置，调节多圈变阻器（R_P），使检流计指零。

（4）将开关"K"扳向"未知"位置，先调节滑线读数盘（0～10 mV），使检流计指零。如果不够用，再调整步进读数盘（10 mV，…，110 mV），使检流计指零。未知电动势按下式计算：

$$E =（步进盘读数＋滑线盘读数）×0.2$$

（5）每次测量前要核对工作电流，即重复（2）和（3）中的指零调节。为保护检测计，扳动开关"K"时，只要看出指针偏转方向，就立刻使"K"返回中间位置。进行指零调节时，不可将"K"扳住不放。

【实验原理】

温度是表征热力学系统冷热程度的物理量，温度的数值表示法叫作温标。摄氏温标是一种常用的温标，摄氏温标规定冰点（指纯水和纯冰在一个标准大气压下达到平衡时的温度，纯水中应有空气溶解在内并达到饱和）为 0 ℃，沸点（指纯水和水蒸气在蒸汽压为一个标准大气压下达到平衡时的温度）为 100 ℃。

当温度改变时，物质的某些物理属性，如一定容积气体的压力、金属导体的电阻、两种金属导体组成热电偶的热电动势等，会发生变化。一般来说，任一物质的任一物理属性只要随温度的改变而发生单调的、显著的变化，都可以用来标志温度，即制作温度计。

将两种不同的导体接合成闭合回路，如图 2-8-2 所示；若接点"1"和"2"的温度不同，回路中将产生电动势，这个电动势就称为热电动势，这种现象称为热电效应，这两种不同的金属导体的

组合就称为热电偶,或叫温差电偶。热电偶温度计就是利用热电效应来测量温度的。

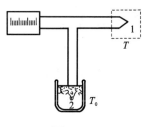

两种导体的材料固定以后,热电动势由接点的温度差确定,即温差已知时,热电动势随之确定,反之亦然。若我们把热电偶的一个接点放在温度 T_0 为已知的恒温物质(如冰水或大气)中,把另一接点放在待测温度 T 的恒温物质中(见图 2-8-2),那么测量出热电动势 E 就可以确定待测温度 T。

图 2-8-2

为了能够从测量热电动势 E 值中直接得出待测温度 T 值,必须测定所用的热电偶热电动势 E 与温度 T 的关系,这就是热电偶温度计的定标。本实验是做"铜-康铜"热电偶温度计的定标。在测定 E-T 关系时,采用摄氏温标规定的两个固定点,即溶冰点(0 ℃)和沸水点(100 ℃),再在 0~100 ℃ 内取若干温度点,给出 0~100 ℃ 内的 E-T 曲线。

热电偶具有结构简单、小巧、热容量小、测定范围宽等优点,被广泛用于生产和科学研究的测温和温度的自动控制中。

实用温标定义的固定点如表 2-8-1 所示。

表 2-8-1

平衡状态	国际实用温标指定值	
	T_{68}/K	$t_{68}/\text{℃}$
平衡氢二相点	13.81	−259.34
氧三相点	54.361	−218.789
氧冷凝点	90.188	−188.962
水三相点	273.16	0.01
水沸点	373.15	100
锡凝固点	505.118 1	213.968 1
锌凝固点	692.73	419.58
银凝固点	1 235.08	961.93
金凝固点	1 337.58	1 064.43

常用热电偶的特性如表 2-8-2 所示。

表 2-8-2

热电偶	使用温度范围/℃	温差电势近似值/(mV/100 ℃)
铜-康铜	−200~+300	4.3
铁-康铜	−200~+800	5.3
铬-铝	−200~+1 100	4.1
铂-10%铑	−180~+1 600	0.95
铂,40%铑-铂,20%铑	+200~+1 800	0.4

【实验步骤】

实验测定以下温度值的热电动势。

(1) 测 0 ℃时的热电动势。热电偶的热端放在冰水瓶里。

(2) 测 35 ℃、45 ℃时的热电动势。热电偶的热端放在恒温水浴里。

(3) 分别测 55.0 ℃、65.0 ℃、75.0 ℃时的热电动势。

(4) 测水的沸腾点。热电偶的热端放在沸水(烧杯)里。

由于恒温水浴升温费时间,故应在实验开始就接通恒温水浴的电源,并加热。具体操作可参考以下步骤。

(1) 接通恒温水浴的电源开关、加热开关和水泵开关,设定温度值,指定升温到 35 ℃,令其升温。

(2) 将"铜-康铜"热电偶接到电位差计(UJ-36)的"未知"接线柱上,将热电偶的冷端和热端都放在冰水瓶中。与此同时,检查冰水瓶内的水面是否有冰块。如果没有冰块,应加冰块。

按电位差计使用方法测量热电动势 E,当 $T=T_0$ 时,E 应为零。仪器指示不为零或超过最小分度一格以上者,应请教师处理;一格以下者,记下这个读数,作为零点订正值。

(3) 把热电偶的冷端留在冰水瓶内,把热端取出并放到恒温水浴内,分别测量相应的热电动势 E 值。

(4) 测量完毕,要将电位差计的倍率开关指向"断"位置,以切断仪器内部电源,检查并切断恒温水浴和电炉的电源。

(5) 测出的数据填入表 2-8-3 中。

表 2-8-3

$T/℃$	0	35.0	45.0	55.0	65.0	75.0
E/mV						

【注意事项】

(1) 水的冰点和沸点都不用温度计测量。由于玻璃水银温度计容易打碎,使用中应注意保护。

(2) 测量过程中应使热电偶的热端尽量靠近玻璃水银温度计的水银泡,以减小水温不均匀引起的误差。

【思考题】

如果测量温度 T 误差为 ΔT,测量热电动势 E 误差为 ΔE,那么,在以 E 为纵坐标、以 T 为横坐标的坐标图上,应如何表示这一对测量结果$(E+\Delta E, T\pm\Delta T)$?

【习题】

1. 用测量结果在坐标纸绘制"铜-康铜"热电偶的 E-T 关系曲线。

2. 测温物质应具有什么样的条件? 热电偶符合这个条件吗?

实验九　拉脱法测定液体表面张力系数

【实验目的】

（1）学习力敏传感器的定标方法。

（2）用拉脱法测定水（或肥皂水）的表面张力系数。

【实验仪器】

硅压阻式力敏传感器张力测定仪、标准砝码、游标卡尺、镊子、玻璃皿等。

【实验原理】

液体表面都有尽量缩小的趋势，这是由于液体存在着沿表面切线方向作用的表面张力。表面张力的大小可以用表面张力系数 α 来描述，即 $\alpha=\dfrac{f}{l}$，其中 l 是液体面上的一段长度，f 是出现在线段两边的拉力。

液体的表面张力系数是表征液体性质的一个重要参数。测定液体的表面张力系数有多种方法，拉脱法是测定液体表面张力系数常用的方法之一。该方法的特点是，用秤量仪器直接测量液体的表面张力，测量方法直观，概念清楚。用拉脱法测量液体表面张力，对测量力的仪器要求较高，由于液体表面的张力一般不大，因此需要有一种量程范围较小、灵敏度高，且稳定性好的测量力的仪器。近年来，新发展的硅压阻式力敏传感器张力测定仪正好能满足测量液体表面张力的需要，它比传统的焦利氏秤、扭秤等灵敏度高，稳定性好，且支持数字信号显示，利于计算机实时测量。为了能对各类液体的表面张力系数的不同有深刻的理解，在对水进行测定以后，再对不同浓度的酒精溶液进行测定，这样可以明显观察到表面张力系数随液体浓度的变化而变化的现象，从而对这个概念加深理解。

硅压阻式力敏传感器由弹性梁和贴在梁上的传感器芯片组成，其中传感器芯片由四个硅扩散电阻集成一个非平衡电桥，当外界压力作用于弹性梁时，在压力的作用下，电桥失去平衡，此时将有电压信号输出，输出电压大小与所加外力成正比，即

$$\Delta U = KF \tag{2-9-1}$$

式中，F 为外力的大小，K 为硅压阻式力敏传感器的灵敏度，ΔU 为传感器输出电压的大小。

硅压阻式力敏传感器张力测定仪还包括硅扩散电阻非平衡电桥的电源和测量电桥失去平衡时输出电压大小的数字电压表。其他装置包括铁架台、微调升降台、装有力敏传感器的固定杆、盛液体的玻璃皿和圆环形吊片。整体装置如图 2-9-1 所示。

测量一个已知周长的金属环状吊片从待测液体表面脱离时需要的力，求得该液体表面张力系数，这种实验方法称为拉脱法。若金属环状吊片的内、外直径分别是 D_1、D_2，脱离液体表面时，液体表面的长度为 $\pi(D_1+D_2)$，表面张力产生的电压增量为 ΔU，则液体的表面张力系数为

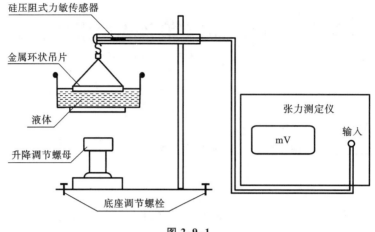

硅压阻式力敏传感器

金属环状吊片

液体

升降调节螺母

底座调节螺栓

张力测定仪

mV

输入

图 2-9-1

$$\alpha = \frac{\Delta U / K}{\pi(D_1 + D_2)} \tag{2-9-2}$$

【实验内容】

一、必做部分

1. 力敏传感器的定标

每个力敏传感器的灵敏度都有所不同,在实验前,应先对其进行定标,定标步骤如下。

(1) 打开仪器的电源开关,将仪器预热。

(2) 在传感器横梁端头小钩上挂上砝码盘,调节调零旋钮,使数字电压表显示为零。

(3) 在砝码盘上一片一片逐次加上质量为 500 mg 的砝码,直到第七片,分别记录电压表的读数值 U_0 , U_1 , U_2 , $\cdots$, U_7 。

(4) 用逐差法求出传感器的灵敏度,即

$$K = \frac{(U_7 + U_6 + U_5 + U_4) - (U_3 + U_2 + U_1 + U_0)}{6 \times 500 \times 10^{-6} \times 9.8} \tag{2-9-3}$$

2. 金属环状吊片的测量与处理

(1) 用游标卡尺测量金属环状吊片的外径 D_1 和内径 D_2 。

(2) 用镊子适当调整支承金属环状吊片的三根金属线,使它们的有效长度基本一致。

(3) 将金属环状吊片在酒精灯上做表面处理,保证金属环状吊片从液体中脱离时拉出完整的液膜。

3. 测量水的表面张力系数

(1) 向玻璃皿中装入适量的自来水,并置于升降台上,将金属环状吊片挂在传感器横梁端头的小钩上,调节升降台,将液体升至靠近金属环状吊片的下沿。

(2) 调节容器下的升降台,使其渐渐上升,将金属环状吊片的下沿部分全部浸没于待测液体中,然后反向调节升降台,使液面逐渐下降,这时,金属环状环片和液面间形成一环形液膜,继续下降液面,测出环形液膜即将拉断前一瞬间数字电压表读数值 U_1 和液膜拉断后一瞬间数字电压表读数值 U_2 。

$$\Delta U = U_1 - U_2$$

（3）将上述拉脱操作再重复四次，并对五次的 ΔU 取平均值，将实验数据代入式(2-9-2)，求出液体的表面张力系数，并与标准值进行比较。

二、选做部分

测量肥皂水或酒精的表面张力系数：将玻璃皿中的液体进行更换，重复上述必做部分"3."的操作。

三、实验数据和记录

1. 力敏传感器灵敏度的测量

将力敏传感器灵敏度的测量数据记入表 2-9-1 中。

表 2-9-1

砝码数	U_0	U_1	U_2	U_3	U_4	U_5	U_6	U_7
电压								

用逐差法求出灵敏度 $K =$ _____ mV/N。

2. 拉脱法测量水的表面张力系数数据

金属环状吊片外径 $D_1 =$ _____ cm，内径 $D_2 =$ _____ cm；水的温度 $t =$ _____ ℃。实验数据记入表 2-9-2 中。

表 2-9-2

编　号	U_1/mV	U_2/mV	$\Delta U/\text{mV}$
1			
2			
3			
4			
5			

求得 ΔU 平均值，并代入式(2-9-2)，得到水的表面张力系数：$\alpha =$ _____ N/m。

【注意事项】

（1）用镊子调整金属环状吊片的三根金属线，需要反复。使整个金属环状吊片在拉脱过程中同时进入液体和同时脱离液体。

（2）操作过程中，切忌用手指触碰金属环状吊片的下沿。

（3）拉脱操作时，动作应平稳、缓慢，不可在振动不定的情况下测量。

（4）玻璃皿中的液体应尽量保持纯净。

【思考题】

如图 2-9-2 所示，如果金属环形吊片从水中拉出时不是水平的，但实验者仍然按正常的公式计算,结果相比标准值(见表 2-9-3)是偏大还是偏小?

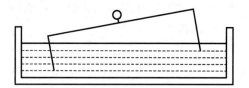

图 2-9-2

表 2-9-3

水温 $t/℃$	10	15	20	25	30
$\alpha/(N/m)$	0.074 22	0.073 22	0.072 75	0.071 97	0.071 18

第三章 电磁学实验

实验十 伏安法测电阻、晶体二极管特征

【实验目的】

(1) 具体了解和分析晶体二极管的伏安特性曲线。

(2) 学会分析伏安法的电表接入误差，正确选择电路，使电表接入误差最小。

(3) 学会电表、电阻器、电源等基本仪器的使用。

【实验仪器】

安培计、伏特计、变阻器、转盘式电阻箱、甲电池、待测电阻、待测晶体二极管、导线、双刀双掷倒向开关、单刀开关。

【实验原理】

半导体二极管的核心是一个 PN 结，这个 PN 结处在一小片半导体材料的 P 区与 N 区之间（见图 3-10-1），它由这片材料中的 P 型半导体区域和 N 型半导体区域相连构成。连接 P 型半导体区域的引出线称为 P 极，连接 N 型半导体区域的引出线称为 N 极。当电压加在 PN 结上时，电压的正端接在 P 极上，电压的负端接在 N 极上（见图 3-10-2）的连接称为"正向连接"；PN 结的两极反向连接到电压上的连接称为"反向连接"。正向连接时，半导体二极管很容易导通；反向连接时，半导体二极管很难导通。我们称半导体二极管的这种特性为单向导电性。实验工作中往往利用半导体二极管的单向导电性进行整流、检波等。

图 3-10-1　　　　　　　　　　　图 3-10-2

电流随外加电压变化的关系曲线称为伏安特性曲线。电阻的伏安特性曲线如图3-10-3所示，晶体二极管的伏安特性曲线如图3-10-4所示。图3-10-4说明了晶体二极管的单向导电性。

利用绘制出的晶体二极管的伏安特性曲线，可以计算出晶体二极管的直流电阻及表征其他特性的某些参数。晶体二极管直流电阻（正、反向电阻）R 等于该管两端所加的电压 U 与流过它的电流 I 之比，即 $R = U/I$。R 只是随着 U 的变化而变化。我们通常用万用表所测出的晶体二

极管的电阻为某一特定电压下的直流电阻。

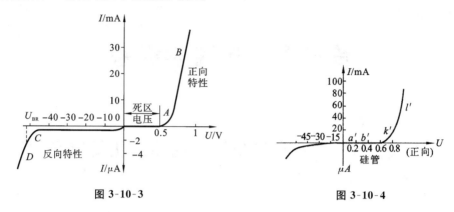

图 3-10-3   图 3-10-4

【实验步骤】

1. 伏安法测定电阻的伏安特性曲线

按表 3-10-1 的要求测定电阻的伏安特性曲线（I-U 曲线）。

表 3-10-1

U/V	0	0.3	0.6	0.9	1.2	1.5
I/mA						
R/Ω						

2. 伏安法测定晶体二极管（硅管）的伏安特性曲线

伏安法测定晶体二极管（硅管）伏安特性曲线的电路图如图 3-10-5 所示。按表 3-10-2 测晶体二极管（硅管）的伏安特性曲线（I-U 曲线）。

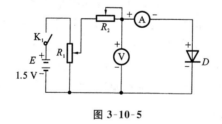

图 3-10-5

表 3-10-2

U/V	0.4	0.5	0.55	0.6	0.65	0.68	0.70
I/mA							

注：2CP13 的 I 不得超过 75 mA。

3. 用"最佳"电路测 2AP13 的曲线（选做）

由于下面三种因素，所测得的点值（U, I）总有或大或小的电表接入误差。

（1）两表 Ⓐ、Ⓥ都有内电阻。

（2）两种伏安法测量电路（见图 3-10-6、图 3-10-7）中的电表有内电阻，产生了各自的电表接入误差(此点高中物理教材已讨论过)。

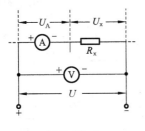

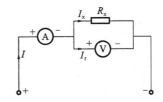

图 3-10-6 图 3-10-7

(3) 晶体二极管的电阻值随所加的电压值变化而变化,变化范围很大。因此,应该根据粗略测得的Ⓐ、Ⓥ、▷⊢的具体电阻值估算两种伏安法测量电路的电表接入误差,从中选取误差较小者再进行 U、I 值较准确的测量,即用"最佳"电路测量 U、I 值,并估算出最小的电表接入误差值。

Ⓐ、Ⓥ的内电阻可以用它们分别组成的串、并联电路测量出。

【思考题】

1. 现有数欧、数千欧两个被测电阻,需要用伏安法测量其阻值,问各选哪种电路进行测量较为适宜?

2. 如何用万用表检查二极管的好坏?

【习题】

1. 已知所用Ⓥ的电阻 $R_V = 1 \times 10^3$ Ω(此Ⓥ的内电阻偏小),ⓂⒶ的内电阻值 R_{mA} 为几欧,而晶体二极管的正向电阻为 $1 \times 10^2 \sim 1 \times 10^4$ Ω。试分析:用图 3-10-6、图 3-10-7 两种测量电路分别测出的正反向伏安特性曲线哪一条更接近真实曲线。

2. 用ⓂⓋ、ⓂⒶ先后组成串、并联电路,用伏安法分别测量ⓂⓋ、ⓂⒶ的内电阻,此时的电表接入误差分别为多少?

实验十一 直流电桥测电阻

【实验目的】

(1) 掌握直流单臂电桥测电阻的原理及其测量方法。

(2) 了解直流双臂电桥测低值电阻的原理及其测量方法。

【实验仪器】

板式滑线电桥、QJ-24 型直流单臂电桥、QJ-19 型两用直流电桥、检流计、微安表、甲电池。

【仪器描述】

QJ-24 型直流单臂电桥的等效电路图如图 3-11-1 所示,面板如图 3-11-2 所示。

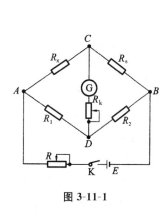

图 3-11-1

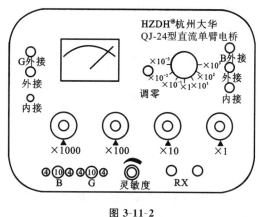

图 3-11-2

QJ-19 型两用直流电桥的原理如图 3-11-3 所示,它的面板及测量时的接线图如图 3-11-4 所示。

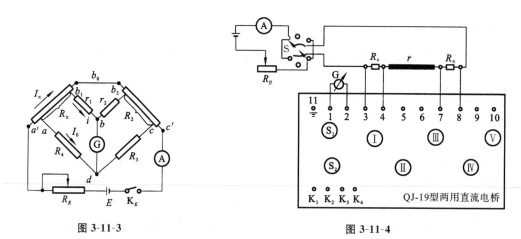

图 3-11-3

图 3-11-4

【实验原理】

电桥测量法是电磁学实验中最重要的测量方法之一,有着非常广泛的应用。它具有灵敏度和准确度都较高、结构简单、使用方便的特点。下面分别介绍直流单臂电桥(惠斯通电桥)和直流双臂电桥(开尔文电桥)。

1. 直流单臂电桥(惠斯通电桥)

直流单臂电桥的基本电路原理图如图 3-11-1 所示。R_1、R_2、R_x、R_s 为 4 个电阻,构成电桥的 4 个臂。R_x 为待测电阻,常称测量臂;R_s 为已知电阻,称标准电阻,常称比例臂;R_1、R_2 也为已知电阻,常称比较臂。在 A、B 对角线间接电源、限流电阻、开关,在 C、D 对角线间接检流计、保护电阻和开关。当接通两个开关时,R_1、R_2、R_x、R_s、检流计上分别有电流 i_1、i_2、i_x、i_s、i_g。适当地调节各臂的电阻值,可使得检流计电流 i_g 为零,即可调得 C、D 两点电位相等,此时称电桥达到了平衡。当电桥平衡时,由 $i_g=0$,即 $U_C=U_D$,可知

$$U_{AD}=U_{AC}, \quad U_{BD}=U_{BC}$$
$$i_1=i_2, \quad i_x=i_s$$

由欧姆定律得

$$i_x R_x = i_1 R_1 \tag{3-11-1}$$

$$i_s R_s = i_2 R_2 \tag{3-11-2}$$

由式(3-11-1)和式(3-11-2)可得

$$\frac{R_x}{R_s} = \frac{R_1}{R_2} \tag{3-11-3}$$

即

$$R_x = \frac{R_1}{R_2} R_s \tag{3-11-4}$$

最简单而又直观的直流单臂电桥是板式电桥。图3-11-5所示是一种板式滑线电桥。AB 是一均匀的电阻丝,固定在一米尺上,D 点可在 AB 上滑动,CD 间接有检流计 G,R_s 为标准电阻,R_x 为待测电阻,AB 端连接电池 E、保护开关 K、限流电阻 $R(R$ 供调节工作电流用),D 把 AB 分成 AD、DB 两段电阻丝,对应长度为 l_1、l_2,组成比例臂。选定 R_s,调节

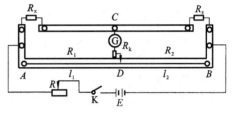

图 3-11-5

D 点位置,使检流计电流为零,电桥达到平衡,C、D 两点电位相等,有

$$R_x = \frac{l_1}{l_2} R_s \tag{3-11-5}$$

2. 直流双臂电桥(开尔文电桥)

直流单臂电桥测量中值电阻有较高的精确度,是测量电阻的很好装置,但对于低值电阻($10^{-3} \sim 10^{-5}$ Ω)就很难精确测量。这是因为:① 待测电阻与接线端有接触电阻;② 连接的导线也有电阻,这些电阻不大,但在测量低电压时,其值与低值电阻相比较就不能忽略。直流双臂电桥(开尔文电桥)是专门为测量低值电阻而设计的,基本原理图如图 3-11-3 所示,其中 R_x、R_s 为低值电阻,R_x 为待测低值电阻,R_s 为标准低值电阻。它通常由四端组成,两端为电流端,以两个粗端钮表示,靠近两端内侧有两较细的端钮,为电压测量端。R_3、R_4、r_1、r_2 为中值电阻,比导线的电阻、接触电阻大得多,也比待测低值电阻及标准低值电阻大得多。设计时,严格保证 $\dfrac{R_4}{R_3}$

$= \dfrac{r_1}{r_2}$。因此,当电桥平衡时,有

$$I_x R_x = R_4 I_4$$

$$I_x R_2 = R_3 I_4$$

两式相除,得

$$\frac{R_x}{R_2} = \frac{R_4}{R_3}$$

若 R_2 为标准电阻 R_s,则上式与直流单臂电桥有相同的公式:

$$R_x = \frac{R_4}{R_3} R_s \tag{3-11-6}$$

【实验步骤】

1. 用板式电桥测电阻

(1) 按图 3-11-5 接好线路,R_s 最好选择与待测电阻接近的标准电阻,R 取较小的电阻,R

先调至最大。检流计 C 点接好后,滑动头 D 点先不要按下。

(2)合上电源开关 K,按下滑动头 D,观察检流计 G 的偏转情况。如果偏转过大,应赶快松手,在偏转不太大的情况下,按下 D 点,滑动头在电阻丝上滑动,找出平衡点。

(3)将 R 调至最小值,找出更为准确的平衡点,记下 l_1、l_2。

(4)改变 R_s 的值,用同样的方法测量 5 次,将记录的数据填入表格中。

(5)用同样的方法测量第二个电阻,取 5 组数据。

(6)以上面的步骤测量两电阻串联之值。

(7)以上面的步骤测量两电阻并联之值。

(8)测量完后先断开滑动头与电阻丝的接触,再断开电源开关 K。

2. 用 QJ-24 型直流单臂电桥测电阻

(1)将内外接指零仪(G)转换开关、内外接电源(B)转换开关扳向"内接"。

(2)调节好检流计(G)的机械零点。

(3)将待测电阻接在 R_x 两接线柱上。

(4)根据被测电阻估计值,选择适当的量程倍率。

(5)将测量盘调到被测电阻估计值。

(6)先按下指零仪按钮(G),随后按下电源按钮(B),看指零仪偏转方向。若指针向"+"方向偏转,表示被测电阻大于估计值,需增加测量盘示值,使指零仪趋向于零位。若指针向"一"方向偏转,表示被测电阻值小于估计值,需减小测量盘示值,使指零仪趋向于零位。

当指零仪指零位时,电桥平衡,被测电阻值可由下式求得

$$被测电阻值=量程倍率×测量盘示值$$

(7)仪器使用完毕后将内外接指零仪转换开关、内外接电源转换开关扳向"外接",以切断内部电源,并松开按钮开关(G)、(B)。

3. 用 QT-19 型两用直流电桥测低值电阻

自行设计测试步骤。

【思考题】

1. 图 3-11-1 中,若将对角线 CD 与对角线 AB 间接线对换,能否测出 R_x?试写出其计算公式。

2. 做板式电桥实验时,滑动 D 点,检流计始终往一个方向偏,会是什么原因?

3. 直流单臂电桥灵敏度的提高主要有哪几种方法?

实验十二　　用补偿法测量电压、电流和电阻

【实验目的】

(1)掌握补偿法的原理,了解其优缺点。

(2)了解 UJ-31 型直流电位差计的原理、构造及使用方法。

(3)学会用 UJ-31 型直流电位差计测电压、电流和电阻。

（4）学会用 UJ-31 型直流电位差计校准微安表并测量微安表的内阻。

【实验仪器】

UJ-31 型直流电位差计、检流计、标准电池、标准电阻、电阻箱、微安表头、甲电池、待测电阻。

【实验原理】

电压的测量一般用电压表。电压表并联在测量电路中，电压表有分流作用，会对原电路两端的电压产生影响，测量到的电压并不是原电路的电压。用电压表测量电源电动势时，由于电压表的引入，电源内部将有电流，电源一般有内阻，内阻上将有电压降，因此电压表的读数是电源的端电压，它小于电源的电动势。由此可知，要测量电动势，必须让电源无电流输出。

补偿法是电磁测量中一种常用的精密测量方法，它可以准确地测量电动势、电位差，是学生必须掌握的方法之一。

滑线电位差计、UJ-31 型直流电位差计都是依据补偿法原理而设计的仪器。补偿的电路原理如图 3-12-1 所示。

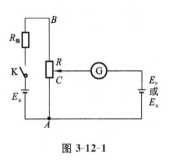

图 3-12-1

由 E_a、K、$R_限$ 和 R 组成的回路称工作回路；由 E_s 或 E_x 与检流计 G 组成测量支路，与 R 一起组成测量回路。当 $E_a > E_s$，$E_a > E_x$ 时，选择适当的 $R_限$，调节 R 的滑点，可使检流计 G 中无电流流过。此时有 $U_{AC} = E_s$。在 $R_限$ 不变的情况下，将 E_s 换成 E_x，再调节 R，如调节 C' 以使检流计无电流流过，则 $U_{AC'} = E_x$。因此，有

$$IR_{AC} = U_{AC}$$
$$IR_{AC'} = U_{AC'}$$
$$\frac{R_{AC}}{R_{AC'}} = \frac{E_s}{E_x}$$

即

$$E_x = \frac{R_{AC}}{R_{AC'}} E \qquad (3\text{-}12\text{-}1)$$

测量支路中无电流流过，那么 E_s 或 E_x 就是它们的电动势，由此可知补偿法测电动势或电位差时较一般电表法更为精确。由图 3-12-1 可知，用补偿法测电动势时，需要一个标准电池

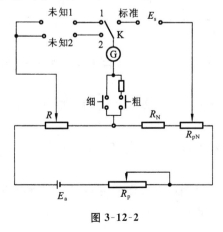

图 3-12-2

（标准电动势）用以校准比较。标准电池的电动势比较稳定，精度比较高。图中 $R_限$ 起调节工作电流的作用，工作电流越大，分压电阻 R 上单位电阻上的电压降越大；工作电流越小，分压电阻上单位电阻上的电压降越小，表示测量精度越高。检测计 G 灵敏度越高，测量精度越高。

UJ-31 型直流电位差计依据的原理仍然是补偿法，是滑线电位差的改进，测量更准确，使用更方便，是我们必须掌握的电磁学仪器之一。

UJ-31 型直流电位差计的工作原理如图 3-12-2 所示，面板如图 3-12-3 所示。E_a 为工作电源，E_s 为标准

电池。

UJ-31 型直流电位差计工作电路由 E_a、R、R_N、R_{pN}、R_p 组成。调节 R_p 可以控制工作电流 I 的大小。

当转换开关合在"标准"位置时,调节 R_p(仪器面板上有粗、中、细三个可调电阻),可使检流计指示为零,这时有等式

$$E_s = I(R_N + R_{pN}) \tag{3-12-2}$$

即

$$I = \frac{E_s}{R_N + R_{pN}} \tag{3-12-3}$$

若预先知道 E_s 的值,选择适当的电阻 R_N 和可调电阻 R_{pN},就可使工作电流 I 成为一恒定值。我们称之为校标准。标准电池 E_s 的范围一般为 1.017 8~1.019 0 V,UJ-31 型直流电位差计的 R_N 为 101.78 Ω,R_{pN} 为 12 个 0.01 Ω 电阻,可用 1~12 个电阻,使工作电流校准至10.000 0 mA。

测量时将转换开关 K 合在"未知1"或"未知2"位置,调节测量电阻 R(面板上Ⅰ、Ⅱ、Ⅲ),使检流计指示为零,此时有

$$E_s = IR \tag{3-12-4}$$

若 I 为已校准的值,则由 R 的值可算出 E_s 的值。在 UJ-31 型直流电位差计中,由于 I 总是先校准至标准值,测量调节电阻上就直接标出 IR 的值,即电动势或电位差的值。

【实验步骤】

1. 校标准

(1) 按图 3-12-3 接好线路,K_2 置"断"位置,检流计量程置"×1"挡,调好检流计机械零点。

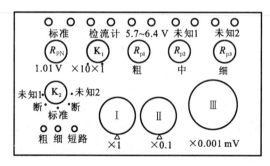

图 3-12-3

(2) 根据标准电池上的温度计读数算出标准电池当时的电动势值,并将 R_{pN} 置于此值,调 K_2 至标准位置,调 K_1 至"×10"挡。

(3) 按"粗"按钮,调节 R_p,使检流计指示为零。如果检流计指示摆动太大太快,应立即松开按钮,并注意使用"短路"按钮,以保护检流计。

(4) 按"细"按钮,调节 R_p,使检流计指示为零。此标准校好后,工作电流已校准为10.000 0 mA。

2. 测电阻

(1) 按图 3-12-4 接好线路,E_b 为一节甲电池,R 为电阻箱,R_s 为标准电阻,R_x 为待测电阻。待测电路中 R_s、R_x 两端的电位差不能大于仪器允许测量范围的上限 171 mV。

(2) 校标准(同上)。R_p、R_{pN} 在以后的测量中不得变动。

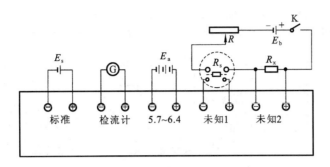

图 3-12-4

（3）将 K_2 拨至"未知 1"位置，测量 R_s 两端的电位差 U_s。按"粗"按钮，调节 R_p（Ⅰ、Ⅱ、Ⅲ），使检流计指示为零，然后按"细"按钮，调节 R_p（Ⅰ、Ⅱ、Ⅲ），使检流计指示为零，记下Ⅰ、Ⅱ、Ⅲ 的读数。

$$U_s = U_{未知1} = (Ⅰ×1 + Ⅱ×0.1 + Ⅲ×0.001)×K_1$$

（4）将 K_2 拨至"未知 2"位置，测量 R_x 两端的电位差 U_x，步骤同（3），记下此时Ⅰ、Ⅱ、Ⅲ 的读数。

$$U_x = U_{未知2} = (Ⅰ×1 + Ⅱ×0.1 + Ⅲ×0.001)×K_1$$

（5）将测量电路中的 R 改变两次，再测两次 U_x 和 U_s 的值，并填入表 3-12-1 中。

表 3-12-1

	第一次 $R=$	第二次 $R=$	第三次 $R=$	R_x 平均值
U_s/mA				
U_x/mA				
R_x/Ω				

（6）计算 R_x 值：$R_x = \dfrac{V_x}{U_s} R_s$。

【习题】

1. 电位差计都要用标准电池来校正工作电流，为什么不用毫安表来测工作电流？
2. 用电位差计怎样测电流和校毫安表？试绘图简要说明。

【附录】

1. UJ-31 型直流电位差计线路分析

（1）原理线路如图 3-12-5 所示。

（2）工作电流走向：工作电流从工作电源正端 H 始，经工作电流调节电阻 R_{p3}、R_{p2}、R_{p1}，再经 R_{pN}、R_N（标准电池补偿电阻）到 K_1，然后经过测量回路部分Ⅱ、Ⅲ、Ⅰ 而回到工作电池的负端。

（3）温度补偿及校正标准：当开关 K_2 置"标准"位置时，标准电池经过检流计（按粗或细）而接在温度补偿电阻 R_{pN} 与 R_N 间的 Q、B 处。当标准电池在某一温度如 10 ℃时，调整 R_p 至在此温度下的电动势值 1.018 91 V，此时 $R_{pN} + R_N = 101.891\ \Omega$，只要这时工作电流为 10.000 0

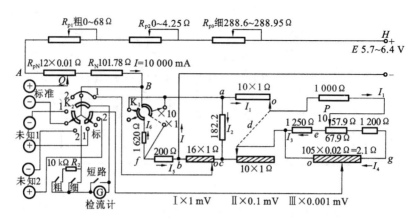

图 3-12-5

mA，Q、B 间的电位差与标准电池的电动势就相等，检流计指示就为零。调整 R_{p1}、R_{p2}、R_{p3} 可使检流计指示为零，工作电流即达 10.000 0 mA，此即为校标准。

（4）可调电阻范围与工作电源的关系。测量回路部分总电阻即 B、b 间的等效电阻为 180 Ω，所以决定工作电流的最小阻值为

$$288.6\ \Omega + 0.12\ \Omega + 101.78\ \Omega + 180\ \Omega = 570.5\ \Omega$$

工作电流要保证为 10.000 0 mA，则工作电源不得低于 $E_{a,min} = 570.5 \times 10 \times 10^{-3}$ V = 5.705 V，决定工作电流的最大阻值为

$$288.95\ \Omega + 4.25\ \Omega + 68\ \Omega + 0.12\ \Omega + 101.78\ \Omega + 180\ \Omega = 643.10\ \Omega$$

为保证能调到工作电流值，最大工作电源不得高于

$$E_{a,max} = 643.10 \times 10 \times 10^{-3}\ \text{V} = 6.431\ 0\ \text{V}$$

（5）工作电流分配。当 K_1 在"×10"位置时，工作电流 I 从 B 达 a，分两路，一路 I_2 经 182.2 Ω 电阻直达 c，另一路 I_1 从 $ap(e、g)d$ 达 c。因

$$R_{ped} = 1\ 250\ \Omega + 10\ \Omega = 1\ 260\ \Omega，\quad R_{pgd} = 57.9\ \Omega + 1\ 200\ \Omega + 2.1\ \Omega = 1\ 260\ \Omega$$

二者并联，$R_{pd} = 630\ \Omega$，所以

$$R_{apdc} = 10\ \Omega + 1\ 000\ \Omega + 630\ \Omega = 1\ 640\ \Omega，\quad \frac{I_1}{I_2} = \frac{182.2}{1\ 640} = \frac{1}{9}$$

I_1 达 p 点后又均分为两路，因此

$$I_1 = 1\ \text{mA},\quad I_2 = 9\ \text{mA},\quad I_3 = I_4 = 0.5\ \text{mA}$$

于是转盘 Ⅲ 每改变一个电阻，可改变电压 $U_Ⅲ = 0.5$ mA × 0.02 Ω = 0.01 mV，转盘 Ⅱ 每改变一个电阻，可改变电压 $U_Ⅱ = 1$ mA × 1 Ω = 1 mV，I_2 与 I_1 在 c 汇合为 $I = 10.000\ 0$ mA，全部经过转盘 Ⅰ，它每改变一个电阻可改变电压 $U_Ⅰ = 10$ mA × 1 Ω = 10 mV，三个转盘最大可测电压为

$$U_{x,max} = 16 \times 10\ \text{mV} + 10 \times 1\ \text{mV} + 105 \times 0.01\ \text{mV} = 171.05\ \text{mV}$$

当 K_1 置"×1"挡时，由于

$$R_{fab} = 1\ 620\ \Omega + [(1\ 640\ \Omega) \parallel (182.2\ \Omega + 16\ \Omega)] = 1\ 800\ \Omega，\quad R_{fb} = 200\ \Omega，\quad \frac{I_6}{I_5} = \frac{1}{9}$$

所以，10.000 0 mA 工作电流经 200 Ω 电阻已分流掉 9 mA，到达测量回路的电流缩小至原来的十分之一，因而可测电压也缩小至原来的十分之一。最小分度电压为 $\dfrac{U_Ⅲ}{10} = 0.001$ mV = 1 μV。

游标尺示度值为 0.1 μV,即最小可测零点几微伏的电动势。

2. 标准电池和标准电阻简介

标准电池按照严格规定的化学成分和准确的成分比例来确定它的各个组成部分,并且严格地采用统一的结构。标准电池的电动势很稳定,在 20 ℃下,一般 $E_s=1.018\,59$ V 左右,它是国际上公认的电压基准器。电位差计常用它作为标准来校正,使用标准电池必须严格遵守以下几点。

(1) 标准电池只能作为基准用,不能把它当作电源使用。因为输入和输出的电流不能超过 1 微安(视级别而定),可见绝对不能用万用电表来量其端电压,因为这样测量所通过的电流超过了允许值,将引起其性能下降或损坏。

(2) 标准电池分为三级。Ⅰ级和Ⅱ级是液体标准电池,不能倾斜,不能振动;Ⅲ级是固体式的,如 BC-7 型标准电池就是固体式的,可以倾斜。

(3) 尽管标准电池的电动势很稳定,但它仍随环境温度的变化而微小地变化,国际上常用的标准电池的电动势随周围温度变化的经验公式为

$$E_t=E_{20}-406\times10^{-7}(t-20)-95\times10^{-8}(t-20)^2+(t-20)\times10^{-3}$$

取其近似公式,为

$$E_t=E_{20}-4\times10^{-5}(t-20)-(t-20)^2\times10^{-6}$$

式中,E_t 表示温度为 t 时的电动势值,E_{20} 表示在 20 ℃时的电动势值。

(4) 标准电池必须防止太阳光的照射和强烈光源以及热源的作用,必须在可能恒定的温度下保存标准电池,保存的温度不得低于 4 ℃。

标准电阻多用锰铜(铜、锰、镍、铁合金)做成方截面线圈,绕在薄云母片上。它的电阻率为 $\rho=45\sim48$ Ω·cm,电阻温度系数 α 近于 0.000 011 ℃,与铜接触时,温差电动势是每摄氏度1.5 μV。标准电池较少使用康铜(60%铜、40%镍),这是因为康铜的电阻温度系数、温差电动势均较大。标准电阻线圈阻值恒定,结构简单,移动方便,热电效应小,且备有两对接头,一对接头叫电流接头,可作为标准电阻接入电路,另一对接头称电位接线柱,接待测电路。标准电阻允许功率较小,对Ⅰ级电阻来说最大允许功率最大允许功率为 1 W,对Ⅱ级电阻来说最大允许功率不大于 3 W。功率大于这些数字时,标准电阻因发热阻值变化而不标准。

用实验方法来测定标准电阻的有效数值,对Ⅰ、Ⅱ级标准电阻线圈来说,误差分别不超过 ±0.001%和±0.01%。

实验十三　交流电路中功率和功率因数的测量

由于电感和电容是储能元件,只有电阻是通过焦耳热耗电,所以交流电路中一般不用公式 $P=IU$,而用公式 $P=IU\cos\varphi$ 求得功率。

【实验目的】

(1) 了解日光灯的工作原理。
(2) 学会正弦交流电功率和功率因数的测量方法。
(3) 进一步了解电压和电流之间的相位关系,以及提高功率因数的方法。

【实验仪器】

日光灯组、交流电流表、交流电压表、瓦特表。

【实验原理】

在交流电路中，电压和电流，即 $U(t)$ 和 $i(t)$ 都是随时间变化的，其阻抗有电阻、电感和电容，所以 $U(t)$ 和 $i(t)$ 之间通常有相位差 φ，φ 的大小由交流阻抗的性质决定。

在纯电阻电路中，电压和电流同相位，即 $\varphi=0$，用矢量图表示如图 3-13-1(a) 所示。

在纯电感电路中，电压的相位总是比电流超前 $\dfrac{\pi}{2}$，即 $\varphi=\dfrac{\pi}{2}$，用矢量图表示如图 3-13-1(b) 所示。在纯电容电路中，电压的相位总是比电流落后 $\dfrac{\pi}{2}$，即 $\varphi=-\dfrac{\pi}{2}$，用矢量图表示如图 3-13-1(c) 所示。

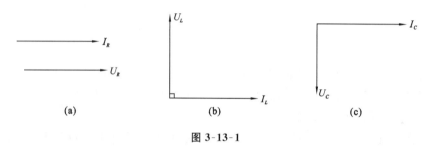

图 3-13-1

本实验原理图如图 3-13-2 所示。光管、镇流器、启辉器构成日光灯正常工作电路。对于电阻(灯管)和电感(镇流器)串联电路，电压可用矢量图表示，如图 3-13-3 所示。对于电容和电感元件(一般有内阻)的并联电路，电流关系可用图 3-13-4 表示。

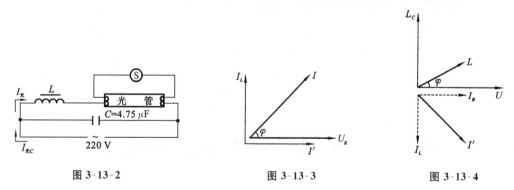

图 3-13-2   图 3-13-3   图 3-13-4

交流电路中某一元件或组合电路瞬间所消耗的功率 $P(t)$ 与直流电路一样，等于该瞬时电压 $U(t)$ 与瞬时电流 $i(t)$ 的乘积，即

$$P(t)=U(t)i(t) \tag{3-13-1}$$

由于交流电路中，电压和电流都是随时间变化的量，且有

$$i(t)=I_{\mathrm{m}}\cos\omega t \tag{3-13-2}$$

$$U(t)=U_{\mathrm{m}}\cos(wt+\varphi) \tag{3-13-3}$$

式中，I_{m} 为电流峰值，U_{m} 为电压峰值。

可以证明,交流电的平均功率为

$$\overline{P} = UI\cos\varphi \qquad\qquad (3\text{-}13\text{-}4)$$

式中,U 为电压有效值,I 为电流有效值,φ 为电路中合成电流与电压的相位角,$\cos\varphi$ 称为功率因数。由式(3-13-3)可知,只要测出 $\overline{P}$、U、I 就能求出功率因数 $\cos\varphi$。

功率因数的大小与电路中负载的性质有关。由前面矢量图可以看出,若负载是纯电阻,则功率因数 $\cos\varphi = 1$;若负载是纯电感或纯电容,则功率因数 $\cos\varphi = 0$。这是因为纯电感或纯电容在一个周期内先后两次将电源供给的电能转化为磁能或电量储存起来,后又释放出来,没有消耗功率,无功功率 IU 就没有被利用。由此可见,功率因数是配电系统中的一个很重要的量。由式(3-13-4)可知,负载消耗的功率 $\overline{P}$ 和电源电压 U 一定时,功率因数 $\cos\varphi$ 越大,I 就越小,这样,电厂就可以供电给更多的负载,输电线路上因 I 产生的焦耳热的消耗也可以相应降低,所以功率因数的大小直接关系到电源利用的效率。通过本实验和矢量图分析可以看到,电容器与电感元件并联或串联,可以提高功率因数。

【实验步骤】

测量日光灯电路中的功率因数及相位角,实验线路图如图 3-13-5 所示。图中,K_1 为双刀闸刀,K_2、K_3 为拨动开关,Ⓥ为交流电压表,Ⓐ为交流电流表,Ⓦ为瓦特表,虚线部分为日光灯线路。

(1) 按图 3-13-5 接好线路,各表选好适当的量程。

(2) 合上 K_1,交流电压表指示约 220 V,交流电流表、瓦特表均无指示。

(3) 合上 K_3,测量日光灯支路,读取 U、I、$\overline{P}$,用式(3-13-3)算出 $\cos\varphi$ 和 φ,数据填入表 3-13-1中。

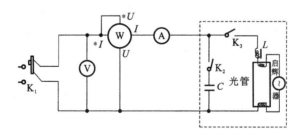

图 3-13-5

表 3-13-1

支路	U	I	W	$\cos\varphi$	φ
日光灯支路					
电容器支路					
整个负载电路					

(4) 断开 K_3,合上 K_2,测量电容器支路的 U、I、$\overline{P}$,计算 $\cos\varphi$ 和 φ。

(5) 合上 K_2、K_3,测量整个电路的 I、$\overline{P}$,计算 $\cos\varphi$ 和 φ。

【习题】

1. 参照原理部分和实验数据作出记录表格中三种情况下的矢量图。
2. 说明功率因数是靠什么来提高的。

【附录】

日光灯电路的工作原理

日光灯是常用的照明电器,了解它的工作原理是很有必要的。

日光灯电路如图 3-13-5 中虚线部分所示。其中 L 是镇流器,它是一个有铁芯的电感线圈,作用是辅助灯管启辉和镇定灯管电流。灯管内壁涂有荧光粉,两端各有一组用钨丝烧成的灯丝,灯丝表面涂有氧化钡及氧化锶,使灯丝容易发射电子,管内气压大约保持在 0.1 个大气压,并且充有氩气和少量水银蒸气。启辉器的作用是使灯管启辉。C 为电容器,是为了提高电路的功率因数而接入的。

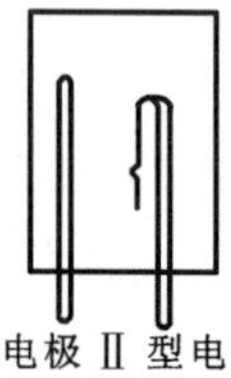

图 3-13-6

在刚接通电的瞬间,220 V 电压直接加在启辉器的两个电极上,使其低压气体被激导电,在两极间发出淡红色的辉光,两电极便被加热,其中的 Ⅱ 型电极(见图 3-13-6)由两层热膨胀系数不同的金属材料叠成,在受热程中,Ⅱ 型电极按变直的趋势产生形变,辉光导电直到 Ⅱ 型电极因形变与条形电极接触为止,一般需零点几秒钟完成上述过程。启辉器的两极接触实际上起到了一个开关作用,一方面接通了灯丝电路(电流约为 0.7 A),加热灯丝,产生热电子发射;另一方面停止辉光导电,Ⅱ 型电极将逐渐冷却,最后将自身电路断开。

在断开的那一瞬间,电感 L 上产生很高的感应电动势,感应电动势与 220 V 电压叠加,使灯管两端产生高压,使管内氩气电离放电,使灯管内温度升高和加速灯管中水银蒸发,电子碰撞水银蒸气并使之电离,电流将越来越大,但由于串联了镇流器,电流限制在一定值上。在放电过程中,辐射出的紫外线激励管壁上的荧光物质发出白光。

由于在导电过程中,灯管的内阻随电流的增加而减小,在灯管正常工作的情况下,两端的电压限定在 105 V 左右,在这样的低压下,启辉器将一直处于停止工作的状态。

实验十四　*RLC* 串联电路的测量与分析

【实验目的】

(1) 测量并具体地理解电阻器 R、电感器 L、电容器 C 及其组合的 U、I 相位差 φ 和阻抗 Z 值。

(2) 验证余弦交流电路中"总电压有效值(合矢量)等于各分电压有效值(分矢量)之矢量和"理论。

(3) 学会用电压表Ⓥ、电流表Ⓐ、瓦特表Ⓦ测电感器的 L、r_L 和电容器的 C、r_C。

(4) 实验确定总电路的电功率 $P_{总}$ 与各部分电路的分功率 $P_{\text{分}}$ 间的关系。

【实验原理】

用图 3-14-1 所示的测量电路,直接测量此串联电路中的电阻 R、电感 L、电容 C 三者串联四种情况下的电压 U、电流 I、平均功率 P,然后运用这些测得的值算出各个间接测量量。

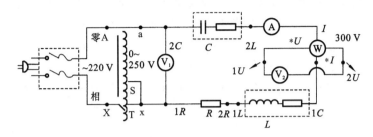

图 3-14-1

1. 计算测得的阻抗之模和辐角

1) 阻抗的模的计算式

根据交流电的欧姆定律,可得阻抗的复数式:

$$\tilde{Z}=\frac{\tilde{U}}{\tilde{I}} \tag{3-14-1}$$

阻抗的模的计算式为

$$Z=\frac{U}{I} \tag{3-14-2}$$

对被测的三个单独元件,具体式分别为

$$R=\frac{U_R}{I} \tag{3-14-3}$$

$$Z_{L_r}=\frac{U_{L_r}}{I} \tag{3-14-4}$$

$$Z_{C_r}=\frac{U_{C_r}}{I} \tag{3-14-5}$$

2) 阻抗的辐角计算式

由理论知道,在某一元件上加电压 U,设该元件中通过的电流为 I,则元件消耗的功率(平均功率)P 应由下式决定:

$$P=IU\cos\varphi$$

式中,φ 称为该元件阻抗的辐角,亦称该元件上电压、电流间的相位差。

由上式得

$$\varphi=\arccos\frac{P}{IU} \tag{3-14-6}$$

对于被测的三个单独元件:

$$\varphi_R=\arccos\frac{P_R}{IU_R} \tag{3-14-7}$$

$$\varphi_{L_r}=\arccos\frac{P_{L_r}}{IU_{L_r}} \tag{3-14-8}$$

$$\varphi_{C_r} = -\arccos \frac{P_{C_r}}{IU_{C_r}} \tag{3-14-9}$$

我们知道,对于理想的单纯 R、L、C 元件,其 φ 分别为 0、$\frac{\pi}{2}$、$-\frac{\pi}{2}$。然而,由于实际的电感器、电容器不可能是真正单纯的 L、C,因此,即使是在 50 Hz 的低频情况下,它们的阻抗特性也离纯 L、C 的特性较远。只有像电灯泡这样的短电阻丝,在 50 Hz 这样的低频情况下,其特性才几乎纯 R 的相同。

2. 计算所测电感量 L、电容量 C 及有功电阻 r_L、r_C 值

任何一个实际的电感器都会有损耗,因此应把电感器等效地看成是一个电感 L 和 r_L 的组合体。这里把它看成是一个 L 和 r_L 的串联体。r_L 称为有功电阻(损耗电阻),它可由电功率损耗式算出,即由

$$P = Ir_L^2 \tag{3-14-10}$$

得

$$r_L = \frac{P}{I^2}$$

对于视为串联体的电感器,其阻抗为

$$Z_{L_r} = \sqrt{r_L^2 + (\omega L)^2}$$

解得

$$L = \frac{1}{\omega}\sqrt{Z_{L_r}^2 - r_L^2}$$

将式(3-14-4)、式(3-14-10)代入,得

$$L = \frac{1}{\omega}\sqrt{\left(\frac{U_{L_r}}{I}\right)^2 - \left(\frac{P}{I^2}\right)^2} \tag{3-14-11}$$

式中,$\omega = 2\pi f = 2\pi \times 50$ 弧度/秒 $= 314$ 弧度/秒。

实际电容器可看成 C 和 r_C 的串联:

$$r_C = \frac{P}{I^2} \tag{3-14-12}$$

$$C = \frac{1}{\omega\sqrt{\left(\frac{U_{C_r}}{I}\right)^2 - \left(\frac{P}{I^2}\right)^2}} \tag{3-14-13}$$

3. 验证"总电压的有效值(合矢量)等于各分电压有效值(分矢量)之矢量和"理论

1)三角函数计算法

设图 3-14-1 所示的串联电路中的瞬时电流为

$$i = \sqrt{2}I\cos(\omega t) \tag{3-14-14}$$

那么,图中纯电阻 $R'(=R + r_L + r_C)$ 以及纯 L、C 上的电压瞬时值分别为

$$u'_R = \sqrt{2}U'_R\cos(\omega t) = \sqrt{2}R'I\cos(\omega t) \tag{3-14-15}$$

$$u_L = \sqrt{2}U_L\cos\left(\omega t + \frac{\pi}{2}\right) = \sqrt{2}\omega LI\cos\left(\omega t + \frac{\pi}{2}\right) \tag{3-14-16}$$

$$u_C = \sqrt{2}U_C\cos\left(\omega t - \frac{\pi}{2}\right) = \sqrt{2}\frac{1}{\omega C}I\left(\cos\omega t - \frac{\pi}{2}\right) \tag{3-14-17}$$

以上各式中的 I、$U_{R'}$、U_L、U_C 均为有效值,而串联总电压的瞬时值为

$$u = u'_R + u_L + u_C = \sqrt{2}U_{R'}\cos(\omega t) + \sqrt{2}U_L\cos\left(\omega t + \frac{\pi}{2}\right) + \sqrt{2}U_C\cos\left(\omega t - \frac{\pi}{2}\right)$$

上式经计算可得

$$u = \sqrt{2}\sqrt{U_{R'}^2 + (U_L - U_C)^2}\cos(\omega t + \varphi)$$

又因为应有

$$u = \sqrt{2}U\cos(\omega t + \varphi) \tag{3-14-18}$$

比较上面两式可得

$$U = \sqrt{U_{R'}^2 + (U_L - U_C)^2} = \sqrt{R'^2 + \left(\omega L - \frac{1}{\omega C}\right)^2}\,I \tag{3-14-19}$$

计算可得出

$$\varphi = \arctan\frac{\omega L - \dfrac{1}{\omega C}}{R'}$$

2）矢量法

若在复数平面上用矢量法，则上述各量的关系应如图 3-14-2 所示。

式(3-14-19)和图 3-14-2 都表明：串联总电压 u 的有效值 U（合矢量）等于各分电压 u'_R、u_L、u_C 的有效值 U'_R、U_L、U_C（分矢量）之矢量和。

3）实验验证法

一方面将测得的 $\widetilde{U}_R$、$\widetilde{U}_{L_r}$、$\widetilde{U}_{C_r}$ 值用矢量画在复数平面上，并用求矢量和的方法求出它们的总电压 $\widetilde{U}_r$，如图 3-14-3 所示；另一方面，把测得的 U 也画在该坐标上（图上未画出），将两者进行比较。若它们的模之差以及 φ 之差基本上在测量误差范围之内，则实际证明了"总电压的有效值等于各分电压的有效值之矢量和"是正确的。

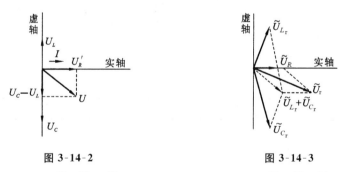

图 3-14-2　　　　　　　　　　　图 3-14-3

应该指出：上面采用的 $\widetilde{U}_R$、$\widetilde{U}_{L_r}$、$\widetilde{U}_{C_r}$ 的矢量和理论上讨论的 $\widetilde{U}_R$、$\widetilde{U}_L$、$\widetilde{U}_C$ 的矢量在实质上是相同的。

【仪器描述】

图 3-14-1 中 T 是调压变压器，它的输入端"A～X"通过闸刀开关接至 220 V 电源。输出端"a～x"可以输出 0～250 V 范围的电压值。

Ⓥ₁、Ⓥ₂为交流电压表，量程分别为 150 V、300 V。

Ⓦ为瓦特表，用于测量平均电功率 P 的值。

Ⓐ、Ⓥ、Ⓦ应怎样与被测电路相连接，才能使得测量出的 I、U、P 值误差较小呢？连接原则

如下。

(1) Ⓐ、Ⓦ的电流线圈"＊$I\sim I$"应与被测电路相串联。

(2) Ⓥ、Ⓦ的电压线圈"＊$U\sim300$"应与被测电路相并联。

(3) 在本实验情况下,应采用Ⓥ外接、Ⓐ内接的伏安法电路测 I、U,Ⓦ采用电压线圈外接(电流线圈内接)的连接方式测量 P。

【实验步骤】

(1) 按照图 3-14-1 连接好电路,并将仪器调整在待测安全状态,包括:① T 调在输出电压值为零值处;② 所有的电表都选取最大的量程;③ 关断闸刀开关。

(2) 接通闸刀开关,用试电笔检验 T 的"A 接火、X 接地"是否接对。接对后,逐渐调 T 的滑头,使输出电压由零值逐渐增大。将Ⓥ调为 120 V。

(3) 在 $U_1=120$ V 的条件下,测量三者串联($R+L+C$)的 I、U、P 值。

(4) 仍在三者串联且 $U_1=120$ V 的条件下,依次测量出电阻器、电感器、电容器上的 I、U、P 值。

若时间足够,还可以加测串联电路 $R+L$、$L+C$ 上的 I、U、P 值。

(5) 对间接测量的 Z、φ 等进行计算、验证,并加以分析。

实验数据记入表 3-14-1。

表 3-14-1

欲测电路	欲测量						
	直接测量量			间接测量量			
	I/A	U/V	P/W	Z/Ω	$\varphi/(°)$	L 或 C	r_L 或 r_C
	测得值						
$R+L+C$							
R							
L							
C							

【思考题】

1. 若某人不慎用已置"mA"挡或"Ω"挡的万用表去测量 100 V 左右的交流电压,会发生什么后果? 试说明其道理。

2. 若误把Ⓐ或Ⓦ的"＊$I\sim I$"与被测电路相并联,必然产生什么严重的后果?

【习题】

1. 测得的实际的电感器、电容器的特性(指阻抗模及辐角)与理想(纯)的 L、C 特性有什么差别?

2. 余弦交流电的总电压的有效值与各分电压的有效值的关系同直流电路的相应关系相比有何不同? 为什么会有这种差别?

3. 如果图 3-14-1 中 $\widehat{V_2}$ 的内阻抗并不远大于被测的三元件的阻抗,那么采用"需测某元件上的电压时便把它并联于该元件上"这种方法测量,所得的电压值 U_R、U_L、U_C 会明显有什么样的误差? 考虑到此点,用万用表的 V 作 $\widehat{V_2}$ 比用电磁式电压表作 $\widehat{V_2}$ 是否好些?

4. 能否得出镇流器中纯 L 的电压值? 若能,试用公式或矢量图表示。

【附录】

1. 瓦特表简介

所用瓦特表的结构是电动式的。它的内部有两个线圈,一个称为电流线圈,它是固定不动的;另一个称为电压线圈,它套放在电流线圈的框内,并可在框内转动。当两线圈分别接入被测电路时,两线圈中电流的相互作用就可使线圈偏转而带动指针偏转,从而示出被测电路上所消耗的平均电功率(亦称为有功功率)P 的值。

为了扩大电压线圈的电压量程 U_m,电压线圈串联有降压电阻。两者构成的串联电路称为电压线圈电路(图 3-14-4 中未画出降压电阻)。该电路量程大的,某降压电阻值当然较大。电压线圈电路的总电阻值和 $\widehat{V}$ 的内阻值相近。

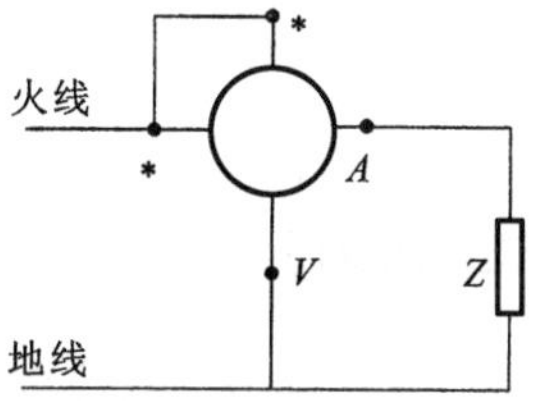

电流线圈设有串、并联电阻,它的直流电阻值和 $\widehat{A}$ 的内阻值相近。在有两个电流量程的 $\widehat{W}$ 中,电流线圈由两个完全相同的线圈串(并)联组成。并联时的量程比串联时的大一倍。

$\widehat{W}$ 两线圈电路的 4 个接头与被测电路(其阻抗以 Z 表示)的连接采用电压线圈外接(电流线圈内接)的伏安法电路形式(采用这种形式,仪器的附加误差较小),如图 3-14-4 所示。其中:

(1) 电流线圈(它的两接头"∗"、"A",实际 $\widehat{W}$ 上标为"∗I"、"I")必须与 Z 相串联。

(2) 电压线圈电路(∗～V)应与串联电路(即 Z 和 ∗～A 相串联的电路)相并联。

(3) 两线圈中的电流在正半周期间都应由"∗"端流入 $\widehat{W}$。$\widehat{W}$ 的量程由下式决定:

$$P_m = I_m U_m$$

式中,I_m、U_m 分别为实际选用的电流线圈、电压线圈电路的量程。对于低功率因数的 $\widehat{W}$,因 $\cos\varphi < 1$(而不是 $\cos\varphi = 1$),其量程应为

$$P_m = I_m U_m \cos\varphi$$

对于本实验所用的 D-W$_{34}$ 型瓦特表,$\cos\varphi = 0.2$。

具体确定了瓦特表的量程后,它的指针偏转值 P 便可从刻度盘上读出。

使用瓦特表时应注意不能超过其量程,这意味着不仅指针偏转(乘积值)不允许超过量程,而且实际的电流、电压(两个乘积因子)值也都分别不允许超过其各自量程。

2. 调压变压器简介

调压变压器(用 T 表示)的构造原理如下:先把硅钢带自卷成很多圈构成一个圆筒体(圆筒的高就是硅钢带的带宽)——铁芯;然后交替地沿圆筒体的内外表面绕以很多匝铜线(构成以筒壁为芯的铜线线圈),并从此线圈引出图 3-14-5 所示的 A、X、a、x 接线柱的抽头;最后套上屏蔽罩(有的变压器在屏蔽罩上还装了安

图 3-14-4

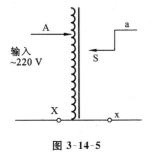

图 3-14-5

全地线）。

调压原理简述如下：假设 220 V 电压输入端 A、X 两接线柱间的匝数为 220 匝，则每匝上的感应电动势为 1 V，那么输出端 a、x 两接线柱间的输出电压由转动头 S 的位置所决定。例如，a、x 间若为 140 匝，则输出电压就是 140 V。

调压变压器的安全使用状态是：当它处在输出电压为零的状态时，其负载应不带电。要使调压变压器（T）处在此"安全"状态下工作，相应的条件是："A"接 220 V 的火线，"X"接 220 V 的零线。

检验调压变压器是否在"安全"状态下工作的简便方法是试电笔检验法：当调压变压器（T）的输出电压被调至零时，用试电笔笔头接触 T 的输出端，若笔的氖管不亮，则表明 T 已处在"安全"状态下；若笔的氖管发亮，则表明"X"接了火线，此时必须把"X"改接到零线上。

实验十五　霍 尔 效 应

【实验目的】

（1）理解霍尔效应的物理意义以及有关霍尔器件对材料要求的知识。

（2）学习用对称测量法消除负效应产生的影响，测量试样 U_H-I_S 和 U_H-I_M 的关系。

（3）确定试样的导电类型、载流子浓度以及迁移率。

（4）学会测室温下的霍尔系数，会测磁感应强度。

【实验仪器】

实验系统由实验台和测试仪器两大部分组成。

1. 实验台

实验台包括电磁铁、霍尔样品和样品架、换向开关及接线柱等。

（1）电磁铁。规格为：$>2\,500\ G_s/A(1\ G_s \triangleq 10^{-4}\ T)$，磁铁线包的引线红色为头，棕色为尾，绕向为顺时针（操作者面对实验台），根据励磁电流 I_M 的大小和方向可确定磁场强度的数值和方向。

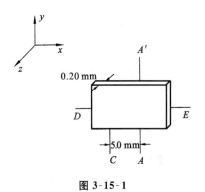

图 3-15-1

（2）样品架。样品材料为半导体硅，厚度为 $d=0.20$ mm，A、C 的间距 $L=5.0$ mm，样品置放的方位如图 3-15-1 所示（操作者面对实验台）。

（3）I_S 和 I_M 换向开关以及 U_H 和 U_σ（即 U_{AC}）测量选择开关。

2. 测试仪器

（1）0～1 A 的励磁电源 I_M 和 0～10 mA 的样品工作电源 I_S，两组电源均连续可调，I_S 和 I_M 用同一只数字表测量，按键测 I_M，放键测 I_S。

（2）0～200 mV 数字表，用来测量 U_H 和 U_σ。

【实验原理】

霍尔元件是根据霍尔效应制作的一种磁电变换元件,如图 3-15-2 所示。将一半导体薄片放在垂直于它的磁场 B 中(B 的方向沿 Z 轴方向),在薄片的两对边分别引出两对电极。X 方向 DD' 通以电流 I,则在 Y 方向产生一个电势差 $U_{AA'}$,这个电势差称为霍尔电势,用 U_H 表示。这种现象叫作霍尔效应。

霍尔效应从本质上讲是运动的带电粒子在磁场中受洛伦兹力作用而引起的偏转。

若将用厚度为 d、宽度为 b 的半导体材料制成的霍尔片放在垂直于它的磁场 B 中,当沿 DD' 通过电流 I 时,磁场 B 使薄片内定向移动的载流子受到洛伦兹力 f_B 的作用。若 q 为载流子电量,u 为载流子定向移动的速度,则

$$f_B = qu \times B$$

其大小为

$$f_B = quB \tag{3-15-1}$$

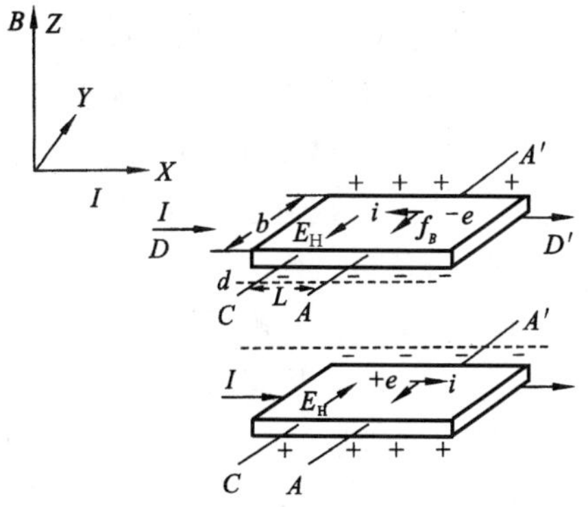

图 3-15-2

在图 3-15-2 中,设载流子是负电荷,f_B 是沿着负 Y 轴方向的,它使载流子向负 Y 轴方向偏转,故霍尔片的 A、A' 两边产生等量的负、正电荷堆积,从而产生一个沿 Y 方向的电场 E_H,E_H 又给载流子一个与 f_B 相反方向的电场力 f_E,其大小为 $f_E = qE_H$,f_E 阻碍电荷的进一步堆积。当两力大小相等(即 $f_B = f_E$)时,电荷积累达到平衡。这时在两侧面间建立的电场称为霍尔电场,相应的电压 $U_{AA'}$(即 U_H)称为霍尔电动势。

$$quB = qE_H = \frac{qU_H}{b}$$

$$U_H = bE_H = buB \tag{3-15-2}$$

设载流子浓度为 n,则在单位时间通过霍尔片单位截面积的电荷数为 nqu,故 I 与 u 的关系为

$$I = bdnqu \tag{3-15-3}$$

由式(3-15-2)、式(3-15-3)得

$$U_H = \frac{1}{nq}\frac{IB}{d} \tag{3-15-4}$$

当载流子为电子时,有

$$U_H = \frac{1}{ne}\frac{IB}{d} \tag{3-15-5}$$

令 $R_H = \dfrac{1}{ne}$,则式(3-15-5)可变为

$$U_H = R_H\frac{IB}{d} \tag{3-15-6}$$

即霍尔电压 U_H(点 A 与点 A' 之间的电压)与 $I \cdot B$ 成正比,与试样厚度 d 成反比。比例系数 $R_H = \dfrac{1}{ne}$ 称为霍尔系数,它是反映材料霍尔效应强弱的重要参数。随着半导体物质的不同、掺杂

浓度的不同及半导体所处温度的不同,霍尔系数具有不同的值。当 d 采用单位 cm、B 用 G_s、I 用 A、U_H 用 V 时,可由下式计算 R_H:

$$R_H = \frac{U_H \cdot d}{I \cdot B} \times 10^8$$

单位为 cm³/C。

由式(3-15-6)可以看出,如果知道霍尔片的霍尔系数 R_H 及霍尔片的厚度 d,用仪器分别测出控制电流 I 及霍尔电压 U_H,就可以算出磁场 B 的大小。这就是用霍尔效应测磁场的原理。

半导体材料有 N 型(电子型)和 P 型(空穴型)两种。前者载流子为电子,带负电;后者载流子为空穴,相当于带正电的粒子。由图 3-15-2 可以看出,若载流子为 N 型,则 A 点电位低于 A' 点,$U_{AA'} < 0$;若载流子为 P 型,则 A 点电位高于 A',$U_{AA'} > 0$。可见,知道了载流子类型,可根据 U_H 的正、负定出待测磁场的方向。

因此,可根据 R_H 确定以下参数。

1. 由 R_H 的符号(或霍尔电压的正、负)判断样品的导电类型

判别的方法是:按图 3-15-2 所示的 I 和 B 的方向,若测得的 $U_H < 0$(即 A 点电位低于 A' 点的电位),则 R_H 为负,样品为 N 型;反之,则为 P 型。

2. 由 R_H 求载流子浓度 n

对 $n = \dfrac{1}{|R_H|e}$ 应该指出,这个关系式是假定所有载流子都具有相同的漂移速度而得到的。严格地讲,考虑到载流子的速度统计分布,需要引入 $\dfrac{3\pi}{8}$ 的修正因子(可参阅黄昆、谢希德著《半导体物理学》)。

3. 结合电导率的测量,求载流子的迁移率 μ

电导率 σ 与载流子浓度 n 以及迁移率 μ 之间有如下关系:

$$\sigma = ne\mu \tag{3-15-7}$$

即 $\mu = |R_H|\sigma$,测出 σ 值即可求 μ。

根据上述可知,要得到大的霍尔电压,关键是要选择霍尔系数大(即迁移率大、电阻率 ρ 亦大)的材料。因 $|R_H| = \mu\rho$,$\rho = \dfrac{1}{\sigma}$,就金属导体而言,μ 和 ρ 均小,故 R_H 不大。不良导体 ρ 虽高,但 μ 极小,R_H 也不大。上述两种材料的霍尔系数都很小,不能用来制造霍尔元件。半导体 μ 大、ρ 适中,是制造霍尔元件较理想的材料。由于电子的迁移率比空穴的迁移率大,所以霍尔元件多采用 N 型半导体材料。另外,霍尔电压的大小与材料的厚度成反比,因此薄膜型霍尔元件的输出电压较片状要高得多。就霍尔元件而言,其厚度是一定的,所以实用上采用 $K_H = \dfrac{1}{ned}$ 来表示器件的灵敏度,K_H 称为霍尔灵敏度,单位为 mV/(mA·T)。目前,一种用大迁移率的锑化铟为材料的薄膜型霍尔元件,其 K_H 为 200～300 mV/(mA·T),而通常片状硅霍尔元件的 K_H 仅为 2 mV/(mA·T)。

【实验步骤】

1. 实验中的负效应及其消除方法

在产生霍尔效应的同时,因伴随着各种负效应,所以实验测到的 U_H 并不等于真实的霍尔电压,而包含着各种负效应所引起的虚假电压,如图 3-15-3 所示的不等势电压降 U_0 就是一例。这是由于测量霍尔电压的电极 A 和 A' 的位置很难做到在一个理想的等势面上,因此,当有电流 I_S 通过时,即使不加磁场也会产生附加的电压 $U_0 = I_S r$(其中:r 为 A、A' 所在的两个等势面之间的电阻)。U_0 的符号只与电流 I_S 的方向有关,与磁场的方向无关。因此,U_0 可以通过改变 I_S 和 $\boldsymbol{B}$ 的方向予以消除。

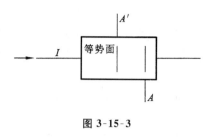

图 3-15-3

除 U_0 以外,还存在由热电效应和热磁效应所引起的各种负效应。不过,这些负效应除个别外,均可通过改变 I_S 和磁场 $\boldsymbol{B}$ 的方向加以消除。具体来说,在规定了电流和磁场正、反方向后,分别测量由下列四组不同方向的 I_S 和 $\boldsymbol{B}$ 组合的 $U_{AA'}$(A、A' 两点的电势差),即

$$+B, +I_S \quad U_{AA'} = U_1$$
$$-B, +I_S \quad U_{AA'} = -U_2$$
$$-B, -I_S \quad U_{AA'} = U_3$$
$$+B, -I_S \quad U_{AA'} = -U_4$$

然后求出 U_1、U_2、U_3 和 U_4 的代数平均值:

$$U_H = \frac{U_1 - U_2 + U_3 - U_4}{4} \tag{3-15-8}$$

通过上述的测量方法,虽然还不能消除所有的负效应,但其引入的误差不大,可以略去不计。

2. 电导率 σ 的测量

σ 可以通过图 3-15-2 所示的 A、C 电极进行测量,设 A、C 之间的距离为 L,样品的横截面积为 $S = bd$,流经样品的电流为 I_S,在零磁场下,若测得 A、C 间的电位差为 U_{AC},可由下式求得

$$\sigma = \frac{I_S L}{U_{AC} \cdot S} \tag{3-15-9}$$

3. 实验内容

1)测绘 U_H-I_S 曲线

取 $I_M = 0.800$ A,并在测试过程中保持不变。依次按照表 3-15-1 所列数据调节 I_S,测出相应的 U_1、U_2、U_3、U_4 值并记入表 3-15-1,绘制 U_H-I_S 曲线。

表 3-15-1

I_S/mA	U_1/mV	U_2/mV	U_3/mV	U_4/mV	$U_H = \dfrac{U_1 - U_2 + U_3 - U_4}{4}$/mV
	$+I_S, +B$	$+I_S, -B$	$-I_S, -B$	$-I_S, +B$	
4.00					
5.00					
6.00					
7.00					
8.00					
9.00					
10.00					

2) 测绘 U_H-I_M 曲线

取 $I_S=8.00$ mA，并在测试过程中保持不变。依次按照表 3-15-2 所列数据调节 I_M，测出相应的 U_1、U_2、U_3、U_4 值并记入表 3-15-2 中，绘制 U_H-I_M 曲线。

表 3-15-2

I_M/A	U_1/mV	U_2/mV	U_3/mV	U_4/mV	$U_H=\dfrac{U_1-U_2+U_3-U_4}{4}/mV$
	$+I_S,+B$	$+I_S,-B$	$-I_S,-B$	$-I_S,+B$	
0.300					
0.400					
0.500					
0.600					
0.700					
0.800					
0.900					
1.000					

【附录】

QS-H 型霍尔效应实验组合仪

1. 仪器使用条件

输入电压：220 V±220 V×5%，50 Hz。

环境温度：−10～40 ℃。

相对湿度：≤75%（25 ℃）。

海拔：≤1 000 m。

2. 仪器使用说明

1) 仪器组成

本仪器由励磁恒流源 I_M、样品工作恒流源 I_S、数字电流表、数字电压表、霍尔效应实验装置等组成。仪器主机面板分布如图 3-15-4 所示。

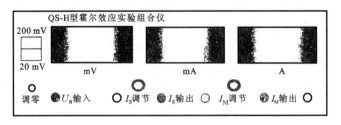

图 3-15-4

霍尔效应实验组合仪装置如图 3-15-5 所示。

（1）I_M 恒流源。在面板的右侧，红、黑接线柱分别为该电源的输入和输出。"I_M 调节"采用 16 圈电位器进行细调，右侧的数字表显示 I_M 的电流值，单位为"A"（安）。

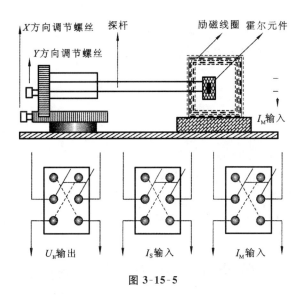

图 3-15-5

（2）I_S 恒流源。在面板的中侧，红、黑接线柱分别为该电源的输入和输出。

"I_S 调节"采用 10 圈电位器进行细调，中侧的数字表显示 I_S 的电流值，单位为"mA"（毫安）。

（3）U_H 输入。在面板的左侧，红、黑接线柱分别为该 U_H 测量输入端的正、负极性。数字表显示 U_H 的电压值，单位为"mV"（毫伏）。

（4）"200 mV"和"20 mV"转换开关。此开关为量程转换开关。

2）仪器的使用

（1）"U_H 输入""I_S 输出""I_M 输出"分别对应实验台上的"霍尔电压""工作电流""励磁电流"。注意：千万不能将 I_M 和 I_S 接错，否则 I_M 电流将可能烧坏霍尔样品。

（2）仪器开机前，先将"I_S 调节"和"I_M 调节"旋钮逆时针旋到底，使 I_S 输出和 I_M 输出均匀为最小值。

（3）仪器接通电源后，预热 5 min，将电压测量量程转换开关拨至"20 mV"挡，然后将电压测量输入短路，调整调零电位器，使电压指示为"0.00"。

（4）"I_S 调节"和"I_M 调节"两旋钮分别用来控制样品的工作电流和励磁电流的大小，其电流值随旋钮顺时针方向的转动而增大，调节精度分别为"10 μA"和"1 mA"。

（5）仪器关机前，先将"I_S 调节"和"I_M 调节"旋钮逆时针旋到底，然后切断电源。

3. 仪器技术指标

1）励磁电流 I_M

输出电流：0～1.0 A，连续可调，调节精度为"1 mA"。

最大输出负载电压：DC 32 V。

电流稳定度：≤10^{-5}（交流输入电压变化 10%）。

电流温度系数：≤10^{-5} ℃。

负载稳定度：≤10^{-5}。

电流指标：3 位半数字表显示，显示精度 0.5 级。

2）工作电流 I_S

输出电流：0～10.0 mA，连续可调，调节精度为"10 μA"。

电流稳定度：≤10^{-5}（交流输入电压变化10%）。

电流温度系数：≤10^{-5} ℃。

负载稳定度：≤10^{-5}。

电流指标：3位半数字表显示，显示精度0.5级。

3）霍尔电压 U_H

测量范围：-19.99～$+19.99$ mV，-199.9～$+199.9$ mV。

电压指标：3位半数字表显示，显示精度0.5级。

4. 注意事项

在实验台和仪器接线时，切记不能将 I_M 和 I_S 接错，否则 I_M 电流可能将霍尔样品烧坏。

实验十六　电表改装与校准

电表在电测量中有着广泛的应用，因此了解电表和使用电表就显得十分重要，电流计（表头）由于构造的原因，一般只能测量较小的电流和电压，如果要用它来测量较大的电流或电压，就必须进行改装，以扩大其量程。万用表就是对微安表头进行多量程改装而来的，在电路的测量和故障检测中得到了广泛的应用。

【实验目的】

（1）测量表头内阻及满度电流。

（2）掌握将1 mA表头改成较大量程的电流表和电压表的方法。

（3）设计一个 $R_中 = 1\,500\ \Omega$ 的欧姆表，要求 E 在1.3～1.6 V范围内使用能调零。

（4）用电阻器校准欧姆表，画校准曲线，并根据校准曲线用组装好的欧姆表测未知电阻。

（5）学会校准电流表和电压表的方法。

【实验仪器】

DH4508型电表改装与校准实验仪、ZX21电阻箱（可选用）。

【实验原理】

常见的磁电式电流计主要由放在永久磁场中的由细漆包线绕制的可以转动的线圈、用来产生机械反力矩的游丝、指示用的指针和永久磁铁组成。当电流通过线圈时，载流线圈在磁场中就产生一磁力矩 $M_磁$，使线圈转动，从而带动指针偏转。线圈偏转角度的大小与通过的电流大小成正比，所以可由指针的偏转直接指示出电流值。

1. 测量内阻的方法

电流计允许通过的最大电流称为电流计的量程，用 I_g 表示，电流计的线圈有一定的内阻，用 R_g 表示，I_g 与 R_g 是表示电流计特性的两个重要参数。

测量内阻 R_g 常用的方法如下。

1）半电流法(中值法)

测量原理如图 3-16-1 所示。当被测电流计接在电路中时,使电流计满偏,再用十进位电阻箱与电流计并联作为分流电阻,改变电阻值即改变分流程度,电流计指针指示到中间值,且标准表读数(总电流强度)仍保持不变,可通过调电源电压和 R_W 来实现,显然这时分流电阻值就等于电流计的内阻。

2）替代法

测量原理如图 3-16-2 所示。当被测电流计接在电路中时,用十进位电阻箱替代它,且改变电阻值,当电路中的电压不变时,电路中的电流(标准表读数)亦保持不变,电阻箱的电阻值即为被测电流计内阻。

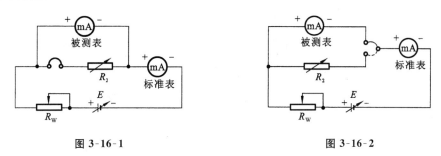

图 3-16-1　　　　　　　　　　　　图 3-16-2

替代法是一种运用很广的测量方法,具有较高的测量准确度。

2. 改装为大量程电流表

根据电阻并联规律可知,如果在表头两端并联上一个阻值适当的电阻 R_2,如图 3-16-3 所示,可使表头不能承受的那部分电流从 R_2 上分流通过。这种由表头和并联电阻 R_2 组成的整体就是改装后的电流表。如需将量程扩大 n 倍,则不难得出

$$R_2 = \frac{R_g}{n-1} \tag{3-16-1}$$

用电流表测量电流时,电流表应串联在被测电路中,所以要求电流表有较小的内阻。另外,在表头上并联值不同的分流电阻,便可制成多量程的电流表。

3. 改装为电压表

一般表头能承受的电压很小,不能用来测量较大的电压。为了测量较大的电压,可以给表头串联一个阻值适当的电阻 R_M,如图 3-16-4 所示,使表头上不能承受的那部分电压降落在电阻 R_M 上。这种由表头和串联电阻 R_M 组成的整体就是电压表,串联的电阻 R_M 叫作扩程电阻。选取不同大小的 R_M,就可以得到不同量程的电压表。由此可求得扩程电阻值为

$$R_M = \frac{U}{I_g} - R_g \tag{3-16-2}$$

用电压表测电压时,电压表总是并联在被测电路上,为了不因并联电压表而改变电路中的工作状态,要求电压表有较高的内阻。

4. 改装微安表为欧姆表

用来测量电阻大小的电表称为欧姆表。根据调零方式的不同,欧姆表可分为串联分压式和并联分流式两种。欧姆表原理电路如图 3-16-5 所示。

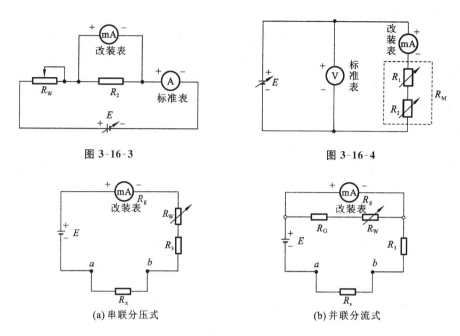

图 3-16-3   图 3-16-4

（a）串联分压式   （b）并联分流式

图 3-16-5

图中 E 为电源，R_3 为限流电阻，R_w 为调零电位器，R_x 为被测电阻，R_g 为等效表头内阻。图 3-16-5(b)中，R_G 与 R_w 一起组成分流电阻。

欧姆表使用前先要调零点，即使 a、b 两点短路（相当于 $R_x=0$），调节 R_w 的阻值，使表头指针正好偏转到满度。可见，欧姆表的零点就是在表头标度尺的满刻度（即量限）处，与电流表和电压表的零点正好相反。

在图 3-16-5(a)中，当 a、b 端接入被测电阻 R_x 后，电路中的电流为

$$I=\frac{E}{R_g+R_w+R_3+R_x} \tag{3-16-3}$$

对于给定的表头和线路来说，R_g、R_w、R_3 都是常量。由此可见，当电源端电压 E 保持不变时，被测电阻和电流值有一一对应的关系，即接入不同的电阻，表头就会有不同的偏转读数，R_x 越大，电流 I 越小。短路 a、b 两端，即 $R_x=0$ 时：

$$I=\frac{E}{R_g+R_w+R_3}=I_g \tag{3-16-4}$$

这时指针满偏。

当 $R_x=R_g+R_w+R_3$ 时，

$$I=\frac{E}{R_g+R_w+R_3+R_x}=\frac{1}{2}I_g \tag{3-16-5}$$

这时指针在表头的中间位置，对应的阻值为中值电阻，显然 $R_{中}=R_g+R_w+R_3$。

当 $R_x=\infty$（相当于 a、b 开路）时，$I=0$，即指针在表头的机械零位。所以欧姆表的标度尺为反向刻度，且刻度是不均匀的，电阻 R 越大，刻度间隔越密。如果表头的标度尺预先按已知电阻值刻度，就可以用电流表来直接测量电阻了。

并联分流式欧姆表利用对表头分流来进行调零，具体参数可自行设计。

欧姆表在使用过程中电池的端电压会有所改变，而表头的内阻 R_g 及限流电阻 R_3 为常量，

故要求 R_W 要跟着 E 的变化而改变,以满足调零的要求,设计时用可调电源模拟电池电压的变化,范围取 $1.25 \sim 1.6$ V 即可。

【实验步骤】

(1) 用中值法或替代法测出表头的内阻,按图 3-16-1 或图 3-16-2 接线。$R_\text{g} = \underline{}$ Ω。

(2) 将一个量程为 1 mA 的表头改装成 5 mA 量程的电流表。

① 根据式(3-16-1)计算出分流电阻值,先将电源调到最小,将 R_W 调到中间位置,再按图 3-16-3 接线。

② 慢慢调节电源,升高电压,使改装表指到满量程(可配合调节 R_W 变阻器),这时记录标准表读数。注意:R_W 作为限流电阻,阻值不要调至最小值;然后调小电源电压,使改装表每隔 1 mA(满量程的 1/5)逐步减小读数直到零点;最后调节电源电压,按原间隔逐步增大改装表读数到满量程,每次记录标准表相应的读数于表 3-16-1 中。

表 3-16-1

改装表读数/mA	标准表读数/mA			示值误差 ΔI/mA
	减小时	增大时	平均值	
1				
2				
3				
4				
5				

③ 以改装表读数为横坐标,以标准表由大到小及由小到大调节时两次读数的平均值为纵坐标,在坐标纸上作出电流表的校正曲线,并根据两表最大误差的数值定出改装表的准确度级别。

④ 重复以上步骤,将 1 mA 表头改成 10 mA 表头,可按每隔 2 mA 测量一次(可选做)。

⑤ 将面板上的 R_G 和表头串联,作为一个新的表头,重新测量一组数据,并比较扩流电阻有何异同(可选做)。

(3) 将一个量程为 1 mA 的表头改装成 1.5 V 量程的电压表。

① 根据式(3-16-2)计算扩程电阻 R_M 的阻值,可用 R_1、R_2 进行实验。

② 按图 3-16-4 连接校准电路。用量程为 2 V 的数显电压表作为标准表来校准改装的电压表。

③ 调节电源电压,使改装表指针指到满量程(1.5 V),记下标准表的读数;然后每隔 0.3 V 逐步减小改装表读数直至零点;最后按原间隔逐步增大到满量程,每次记录标准表相应的读数于表 3-16-2 中。

④ 以改装表读数为横坐标,以标准表由大到小及由小到大调节时两次读数的平均值为纵坐标,在坐标纸上作出电压表的校正曲线,并根据两表最大误差的数值定出改装表的准确度级别。

⑤ 重复以上步骤,将 1 mA 表头改成 5 V 表头,可按每隔 1 V 测量一次(可选做)。

表 3-16-2

改装表读数/V	标准表读数/V			示值误差 ΔU/V
	减小时	增大时	平均值	
0.3				
0.6				
0.9				
1.2				
1.5				

（4）改装欧姆表及标定表面刻度。

① 根据表头参数 I_g 和 R_g 以及电源电压 E，选择 R_W 为 470 Ω、R_3 为 1 kΩ，也可自行设计确定。

② 按图 3-16-5(a)连线。将 R_1、R_3 电阻箱（这时作为被测电阻 R_x）接于欧姆表的 a、b 端，调节 R_1、R_2，使 $R_中=R_1+R_2=1\,500$ Ω。

③ 调节电源 $E=1.5$ V，调 R_W，使改装表头指示为零。

④ 取电阻箱的电阻为一组特定的数值 R_{xi}，读出相应的偏转格数 d_i。利用所得读数 R_{xi}、d_i 绘制出改装欧姆表的标度盘。将实验数记入表 3-16-3 中。

表 3-16-3

$$E=\underline{\qquad} V,R_中=\underline{\qquad} \Omega$$

R_{xi}/Ω	$\frac{1}{5}R_中$	$\frac{1}{4}R_中$	$\frac{1}{3}R_中$	$\frac{1}{2}R_中$	$R_中$	$2R_中$	$3R_中$	$4R_中$	$5R_中$
偏转格数/d_i									

⑤ 按图 3-16-5(b)连线，设计一个并联分流式欧姆表。试与串联分压式欧姆表比较有何异同（可选做）。

【思考题】

1. 是否还有别的办法来测定电流表内阻？能否用欧姆定律测定电流表内阻？能否用电桥来进行测定同时保证通过电流计的电流不超过 I_g？

2. 设计 $R_中=1\,500$ Ω 的欧姆表，现有两块量程 1 mA 的电流表，内阻分别为 250 Ω 和 100 Ω，你认为选哪块较好？

实验十七　交流电桥

【实验目的】

（1）了解交流电桥的结构和平衡条件。

（2）懂得交流电桥测量 C、L、R 等的原理，学会推导测量公式，并学会使用万能电桥。

（3）掌握电桥的最佳测量方法。

（4）能按电桥实际的平衡指示灵敏度的相应测量精度，记录和处理结果量。

【实验仪器】

低频信号发生器、数字万用表、电阻箱、标准电容箱、标准电感箱、待测电容、待测电感、万能电桥。

【实验原理】

交流电桥的结构如图 3-17-1 所示，它和直流电桥在形式上完全相同。两者的不同点如下。

（1）交流电桥的桥臂是阻抗，而直流电桥的是电阻。

（2）交流电桥的电源是正弦交流电源，而直流电桥的电源是直流电源。

（3）交流电桥的平衡指示器能够指示微小的变流电压，而直流电桥的平衡指示器能指示微小的直流电压。

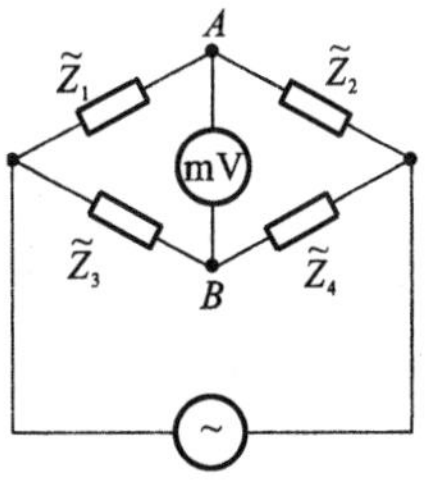

由于交流电桥桥臂上的电压是正弦电压，故它的平衡原理为

$$\widetilde{U}_{AB}=0$$

平衡条件为

$$\widetilde{Z}_1\widetilde{Z}_4=\widetilde{Z}_2\widetilde{Z}_3 \tag{3-17-1}$$

即电桥两两相对桥臂的复阻抗乘积相等。

图 3-17-1

由于 $\widetilde{Z}=Ze^{j\varphi}$，故式（3-17-1）应为

$$Z_1Z_4e^{j(\varphi_1+\varphi_4)}=Z_2Z_3e^{j(\varphi_2+\varphi_3)}$$

欲使此等式两端的复数相等，必须使其模和辐角分别相等，即

$$Z_1Z_4=Z_2Z_3 \tag{3-17-2}$$

$$\varphi_1+\varphi_4=\varphi_2+\varphi_3 \tag{3-17-3}$$

这便是交流电桥的平衡条件。也就是说，只有当交流电桥两两相对的桥臂的阻抗之模的乘积相等，且其辐角的和亦相等时，该电桥才平衡。

1. 简便交流电桥测电感（或电容）的原理

图 3-17-2 所示是简便的测量电感的电桥，其中：L_x 是待测电感器的电感量，r_{L_x} 是它的（串联）等效损耗电阻；L_S、r_{L_S} 是标准电感器的电感量及等效损耗电阻；R_2、R_3、R_4 是转盘电阻箱。

该电桥的平衡条件由式（3-17-1）具体化为

$$(r_{L_x}+j\omega L_x)R_4=R_2(R_3+r_{L_S}+j\omega L_S)$$

展开上式，令其实部相等，虚部也相等，可得

$$\begin{cases} L_x=\dfrac{R_2}{R_4}L_S & (3-17-4) \\[2mm] r_{L_x}=\dfrac{R_2}{R_4}(R_3+r_{L_S}) & (3-17-5) \end{cases}$$

采用上述的同样方法，可推得图 3-17-3 所示的测电容的电桥的测量公式为

$$\left(r_{C_x}-j\frac{1}{\omega C_x}\right)R_4=R_2\left(R_3+r_{C_S}-j\frac{1}{\omega C_S}\right)$$

由此方程解得

$$\begin{cases} C_x = \dfrac{R_4}{R_2} C_S & \text{(3-17-6)} \\[3mm] r_{C_x} = \dfrac{R_2}{R_4}(R_3 + r_{C_S}) & \text{(3-17-7)} \end{cases}$$

式中,r_{C_S}为标准电容自身的(串联)等效损耗电阻,因为它的值较小,有时可忽略不计。

式(3-17-6)、式(3-17-7)联立既是图 3-17-3 所示电桥的平衡条件,又是间接测量(计算)C_x、r_{C_x} 的公式。由此得出测量 C_x、r_{C_x} 的原理如下:调节 R_2、R_4、C_S、R_3 的值,使 U_{AB} 的值逐渐减小,直至为最小值(理论上 $U_{AB}=0$,实际上 $U_{AB} \leqslant 1$ mV),此时,便可用此两式计算 C_x、r_{C_x} 之值。

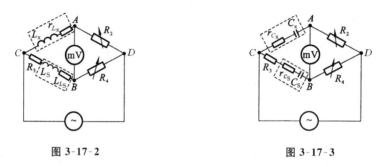

图 3-17-2　　　　　　　　　　　　图 3-17-3

值得指出的是:在调节电桥至平衡的过程中,两联立式的每一个公式越趋近相等,U_{AB} 值也就相应越小,由此两式算得的 C_x、r_{C_x} 的测量精度也就越高。

2. 电桥的平衡指示灵敏度 S

由实验知:电桥调节至某种程度的平衡态后,调取某一桥臂的 $\pm \Delta Z$ 值,使 U_{AB} 的相应增大量 ΔU_{AB} 能被平衡指示器(mV)显示出 Δn(指针偏转值 n 的增加量),且此 Δn 刚好能被观测者察觉出,我们便把此 ΔZ 及其 Z 的百分率的倒数值定义为该电桥的平衡指示灵敏度,即

$$S = \frac{1}{\dfrac{\Delta Z}{Z}}$$

由定义式知:提高 S 值就能提高直接测量量 Z 的精度,因而也就能提高间接测量量的精度。

理论和实验均可证明,下列 4 种途径均能增大 S 值。

(1) 提高(mV)的灵敏度,或者说减小(mV)的量程。

(2) 增大电桥的电源电压值。

(3) 4 个桥臂的复阻抗彼此相等时,桥的 S 值出现极大值。

(4) 尽可能减小 A、B 两点间的干扰电压值。

提高 S 的值实质上就是提高判别电桥平衡的精度。

3. 仪器说明

R_2、R_4 均为交流电阻箱,箱中的电阻(绕线式)的分布电感、分布电容均小到可以忽略,且箱中电阻被电阻箱的金属壳屏蔽着,"⏚"就是此屏蔽壳的接地端钮。R_3 为 $0.1 \sim 99\ 999.9\ \Omega$ 的电阻箱。

C_S 是十进式电容箱,箱中电容器被箱的金属壳屏蔽着。

L_S 是可变电感器。

【实验步骤】

测量步骤(以图 3-17-3 电路为例)如下。

(1) 把电路参数调至合适的安全待测态,即 R_2 取 400 Ω,R_4 取 500 Ω,R_3 取 0.0 Ω,C_S 取 0.500 0 μF,⊙ 取 $1.00×10^3$ Hz,0 V 输出,ⓜⓥ 的右波段旋钮置"m $\underset{\sim}{V}$ V"处,左波段旋钮置 "6 V"处。

(2) 调节电桥至平衡态。

① 调节 ⊙ 输出电压,使其为 3.0 V;② "逐位扫值"地调节 C_S 值,使由 ⓜⓥ 测得的 U_{AB} 值出现"极小值";③ 逐步增大 R_3 值(每步只增加 0.1 Ω),使 U_{AB} 出现更小的"极小值";④ 反复重复②、③步骤,直至 $U_{AB}<1.5$ mV。

(3) 设法在 $S→S_{max}$ 的条件下精确测量 C_x、r_{C_x} 值(选做)。

【选做实验】

麦克斯韦电桥测电感

图 3-17-4 所示的电桥称为麦克斯韦电桥。L_x、r_{L_x} 分别为待测电感器的电感量和损耗电阻,C_S 为电容箱的电容量。它自身的损耗电阻 r_{C_S} 忽略不计。与 C_S 并联的 R_3 是电阻箱,R_3 是调节 C_S 桥臂的损耗电阻,以使桥的相位平衡。

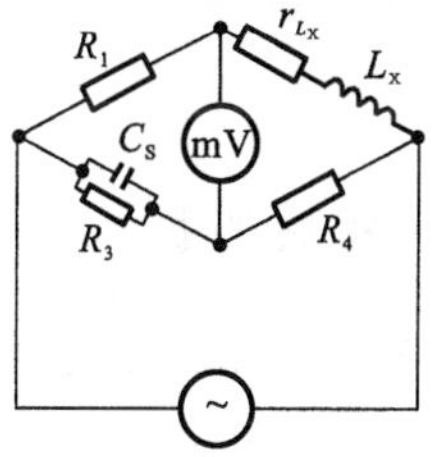

该电桥的平衡条件为

图 3-17-4

$$R_1 R_4 = (r_{L_x} + j\omega L_x)\left(\frac{1}{\frac{1}{R_3}+j\omega C_S}\right)$$

从而解得

$$L_x = R_1 R_4 C_S \qquad (3\text{-}17\text{-}8)$$

$$r_{L_x} = \frac{R_1 R_4}{R_3} \qquad (3\text{-}17\text{-}9)$$

在解的过程中运用了公式

$$Q^2 = \left(\frac{\omega L_S}{r_{L_r}}\right)^2 \gg 1$$

请根据实验原理和平衡条件,用现有实验用电容、电感等设计实验电路,并写出实验步骤。

用万用电桥测交流电源的频率,请设计测量电路,写出平衡条件和实验步骤。

【注意事项】

(1) 调节电阻 R_1 和 R_2 时应经常注意阻值不能过小,以免烧毁电阻箱或电源。

(2) 以毫伏挡作零示器时,开始放在量程较大处,随着电桥趋向平衡,逐步减小量程,以免仪器过载。本实验在最终平衡时的不平衡电压要求小于 1 mV。

【习题】

1. 当电桥平衡时,若把电源在电路中的位置与平衡指示器的位置互换,电桥是否仍旧平衡？计算式是否仍能成立？

2. 在图 3-17-5 所示的几种交流电桥中,哪些能调至平衡?

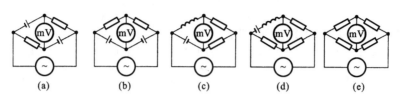

图 3-17-5

3. 在图 3-17-3 所示的电路中,若要使 C_x 的测量精度提高,则应_____此桥路的平衡指示灵敏度。为此,(1) 应_____平衡指示器的量程;(2) 应适当_____桥的电源电压有效值;(3) 应设法安排四桥臂阻抗_____的最佳平衡桥臂条件。

4. 若已使电桥平衡并测得一组计算 L_x、r_{L_x} 的数据为: $R_1 = 300.0\ \Omega$,$R_3 = 9\ 000\ \Omega$,$R_2 = 300.0\ \Omega$,$C_S = 0.080\ 0\ \mu F$,为使 L_x 值的精度由三位数字提高到四位数字,在保持 $R_1 = R_4$ 的条件下,R_1 至少应减至什么值? R_3 的值相应减至多少(已知电容器的值为 $0.000\ 1 \sim 1.111\ 0\ \mu F$)?

实验十八　交流电路的谐振

【实验目的】

(1) 观察交流电路的串并联谐振现象,理解其实质,明确谐振条件和提高 Q 值的途径。

(2) 学会测定 I-ω 曲线。

(3) 学会用谐振法测电容。

(4) 学会使用功率函数发生器、晶体管毫伏计。

一、LCR 串联电路的谐振观测和分析

【实验原理】

在图 3-18-1 所示的 LCR 串联电路中,LCR 串联总阻抗的复数为

$$\widetilde{Z} = R + \mathrm{j}\left(\omega L - \frac{1}{\omega C}\right)$$

式中,$R = R' + r_L + r_C$,其中 r_L 表示电感器的串联等效损耗电阻,r_C 表示电容器的损耗电阻(其值甚小,可忽略),R' 为电阻器的阻值。

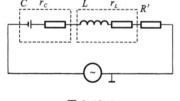

图 3-18-1

设 $\widetilde{U}$ 为正弦交流电源端电压的有效值复数,则电流有效值的复数值应为

$$\widetilde{I} = \frac{\widetilde{U}}{\widetilde{Z}}$$

那么,$\widetilde{I}$ 的模为

$$I = \frac{U}{\sqrt{R^2 + \left(\omega L - \dfrac{1}{\omega C}\right)^2}} \tag{3-18-1}$$

I 与 U 的相位差为

$$\varphi = \arctan \frac{\omega L - \dfrac{1}{\omega C}}{R} \tag{3-18-2}$$

1. I-ω 曲线和 φ-ω 曲线

由式(3-18-1)可知,当 U 值保持一定时,I 值随圆频率 ω 变化而变化,其函数曲线如图 3-18-2所示。我们把 I-ω 曲线称为 I 的幅频特性曲线或谐振曲线。同样,把式(3-18-2)的曲线(见图 3-18-3)φ-ω 称为相频特性曲线。

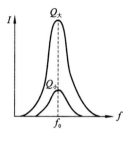

图 3-18-2

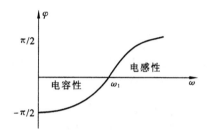

图 3-18-3

2. 谐振及谐振时的种种关系

当电路参数满足条件

$$\omega L - \frac{1}{\omega C} = 0$$

即容抗正好等于感抗,因而正好相互抵消,总阻抗中的电抗为零时,$\varphi = 0$,I 出现极大值。我们把电路的这种状态(电源信号的 ω 与电路的 L、C 值三者正好"和谐")称为串联谐振。串联电路谐振时,有下列一些特性。

1) 谐振频率

由

$$\omega L - \frac{1}{\omega C} = 0$$

得

$$\omega = \frac{1}{\sqrt{LC}}$$

把此时的 ω 记为 ω_0,而谐振频率

$$f_0 = \frac{\omega_0}{2\pi} = \frac{1}{2\pi \sqrt{LC}} \tag{3-18-3}$$

2) 谐振时的总阻抗

$$Z_{\min} = R$$

即此时总阻抗只是电阻,是阻抗的极小值。

3) 谐振时的电流

$$I_{\max} = \frac{U}{R}$$

它是 I 的极大值。

4）谐振电路的 Q 值

谐振电路的 Q 值定义为电路中任一电抗器的谐振电抗与总电阻的比值，即

$$Q = \frac{\omega L}{R} = \frac{\frac{1}{\omega C}}{R} = \frac{1}{R}\sqrt{\frac{L}{C}} \qquad (3\text{-}18\text{-}4)$$

5）谐振时的电压

此时电阻器、电感器、电容器上的电压分别为

$$U_{R'} = (U_{R'})_{\max} = I_{\max} \cdot R' = \frac{U}{R}R' \qquad (3\text{-}18\text{-}5)$$

$$U_{Lr_L} = (U_{Lr_L})_{\max} = I_{\max} \cdot \sqrt{r_L^2 + (\omega L)^2} \approx I_{\max} \cdot \omega L = \frac{U}{R}\omega L = QU \qquad (3\text{-}18\text{-}6)$$

$$U_{Cr_C} = (U_{Cr_C})_{\max} = I_{\max} \cdot \sqrt{r_C^2 + \left(-\frac{1}{\omega C}\right)^2} \approx I_{\max} \cdot \frac{1}{\omega C} = \frac{U}{R} \cdot \frac{1}{\omega C} = QU \qquad (3\text{-}18\text{-}7)$$

由于 $Q \gg 1$，因此 $U_C = U_L = QU \gg U$，故称串联谐振为电压谐振。

3. Q 值的意义和提高 Q 值的途径

串联谐振电路的 Q 值表明三个方面的意义。

（1）表明谐振时电抗器件上的电压为总电压的倍数。

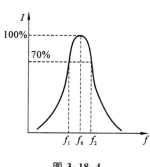

图 3-18-4

（2）表明谐振电路允许不同频率信号通过时选择性的好坏程度（见图 3-18-4）。谐振电路的通频带宽度为 $f_2 - f_1$。可以证明得 $f_2 - f_1$、Q、f_0 三者的关系为

$$f_2 - f_1 = \frac{f_0}{Q} \qquad (3\text{-}18\text{-}8)$$

由此关系知，要使谐振电路的选择性好，即减小通频带宽度，就得增大 Q 值。

（3）表明谐振电路储蓄能量的效率。Q 值大，电路储蓄能量的效率高。

由 Q 值所表明的上述三种意义都可得出，在一般情况下，提高电路 Q 值是有实际价值的。

由式（3-18-4）知，一旦电路参数 L、C、R 值确定后，电路的 Q 值也就随之确定了。该式还指明了提高 Q 值有三种途径。

【实验电路和仪器说明】

实验电路如图 3-18-1 所示。L 和 r_L 为电感器、C 和 r_C 为电容器，二者均画成串联等效电路。R' 为电阻器，作"取样"电阻，以间接测量 $I(U_{R'}/R')$ 的值。～是正弦信号发生器。实验时，只有一个 ⑩，用来先后测量 $U_{R'}$、U_C 值。电路中四者（～、C、L、R'）要按顺序串联，为的是在 ⑩ 先后测 $U_{R'}$ 和 U_C 时，便于实现 ⑩ 的"⊥"与 ～ 的"⊥"同电位，以避免分布电容明显减小 f_0 值。

～工作时，输出一个频率可调、电压也可调的正弦电压，仪器上电压指示的是输出电压的有效值。因为它是电源，所以自始至终都要防止它的输出被短路。

【实验步骤】

1. 测定 $R'=30\ \Omega$ 时的 I-f 曲线

采用测已知电阻 R' 上的电压 $U_{R'}$ 的方法来测量 I。测定曲线过程中，⑩ 应始终与 R' 相并联。与各 $U_{R'}$ 值对应的 f 值直接从 ∼ 上读出。

由于 ∼ 的输出阻抗(内阻抗)不能忽略，其输出端电压随其负载阻抗值的变化而变化，因此，每次另选好一个 f 值时，都必须调 ∼ 的"输出调节"旋钮，使输出电压 U 保持一定，取 $U \equiv 3.0\ \text{V}$。

具体步骤如下。

(1) 寻找并测出 f_0 及其对应的 $(U_{R'})_{max}$ 值。

取 $L=0.080\ 00\ \text{H}$，$C=0.003\ 2 \times 10^{-6}\ \text{F}$，并估算出 f_0 的理论值 f_{0t}。

分析图 3-18-3，可得寻找 f_0 的实验方法如下。

① 在远离 f_0 处，当增大 f 时，若 $U_{R'}$ 跟着增大，则 f_0 应在此 f 值继续增大的方向上；若 $U_{R'}$ 随着减小，则 f_0 应在此 f 值减小的方向上。

② 在 $f_1 < f < f_2$ 区间内，增大(或减小) f 会使 $U_{R'}$ 增大直至 $U_{R'}$ 出现极大值。

当找到 f_0 的实验值 f_{OP} 后，调节 U，使 $U=3.0\ \text{V}$，然后测出相应的 $(U_{R'})_{max}$ 值。

(2) 测量 f_1 和 f_2 的实验值 $[U_{R'}=0.71(U_{R'})_{max}]$。

(3) 测量 $f < f_1$ 区间的曲线。

f_1-f 值分别为 $0.1\ \text{kHz}$，$0.25\ \text{kHz}$，$0.50\ \text{kHz}$，$1.00\ \text{kHz}$，$2.00\ \text{kHz}$，$5.00\ \text{kHz}$，并测出对应的 $U_{R'}$ 值。

(4) 测量 $f > f_2$ 区间的曲线，所取 f 与第三步的 f 对称于 f_0。

(5) 按画曲线的要求，在坐标纸上作 I-f 实验曲线。

2. 观测 Q 值与 R 值的关系

(1) 在 $R'=30\ \Omega$ 的条件下测量 U_C，计算 Q 值。

将 ⑩ 改接至测 U_C 的位置(注意：应交换总负载的两端线在 ∼ 输出端上的位置，以便使 ⑩ 的"⊥"仍然与 ∼ 的"⊥"同电位)。在 f_{OP} 附近调 f，使 U_C 出现极大值，记下此 f_{OC}；然后调 U 至 $3.0\ \text{V}$，测出此时的 $(U_C)_{max}$ 并算出 Q 值。

(2) 在 $R'=130\ \Omega$ 的条件下测 U_C，计算 Q 值。

(3) 取 $R'=0.0\ \Omega$，测出 U_C 和 Q 值。

(4) 找出使 $Q \leqslant 1$ 的 R' 值的范围。

3. 观测 f_0、Q 与 C 的关系

L 值不变，在 $R'=30\ \Omega$ 的条件下将 C 值增大一倍，即 $C=0.006\ 4 \times 10^{-6}\ \text{F}$，然后测出相应的 f_0、Q 值，并与步骤"2."测得的相应值相比较。

二、RLC 并联谐振的观测和分析

【实验原理】

在图 3-18-5 所示的电感、电容并联谐振电路中(设电容器的损耗电阻可忽略，r_L 是电感器

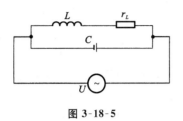

图 3-18-5

的串联等效损耗电阻),其谐振电路总阻抗的复数值的倒数为

$$\frac{1}{\widetilde{Z}} = \frac{1}{r_L + j\omega L} + \frac{1}{\dfrac{1}{j\omega C}}$$

$$\widetilde{Z} = \frac{(r_L + j\omega L)\left(\dfrac{1}{j\omega C}\right)}{r_L + j\left(\omega L - \dfrac{1}{\omega C}\right)} \tag{3-18-9}$$

1. Z-ω 曲线和 φ-ω 曲线

因 $Q = \dfrac{\omega L}{r_L} \gg 1$,所以在谐振频率 f_0 附近应有 $\omega L \gg r_L$,故

$$\widetilde{Z} \approx \frac{L/C}{r_L + j\left(\omega L - \dfrac{1}{\omega C}\right)}$$

于是 $\widetilde{Z}$ 的模及相角分别为

$$Z \approx \frac{L/C}{\sqrt{r_L^2 + \left(\omega L - \dfrac{1}{\omega C}\right)^2}} \tag{3-18-10}$$

$$\varphi \approx -\arctan \frac{\omega L - \dfrac{1}{\omega C}}{r_L} \tag{3-18-11}$$

比较式(3-18-10)、式(3-18-11)可知,在 f_0 附近,并联谐振电路的阻抗模随 f 变化的函数曲线形状和串联谐振电路的很相似,而并联和串联两者的 φ-f 曲线也很相似,彼此间只有一个正负号差别,因而曲线以横轴 f 为对称轴对称分布。

2. 谐振及谐振时的种种关系

同串联谐振一样,当并联电路的总阻抗呈现纯电阻(即电抗部分为零,$\varphi = 0$)时,此时电路状态称为并联谐振。并联谐振电路有以下特性。

1) 谐振频率和 Q 值

由式(3-18-10)、式(3-18-11)知,当

$$\omega L - \frac{1}{\omega C} = 0$$

时,出现并联谐振。

由此可知,同样的 L、C 所组成的串联电路和并联电路,并联谐振频率近似等于串联谐振频率。

并联谐振的准确谐振频率究竟为多大,可以由式(3-18-9)导出:

$$\widetilde{Z} = \frac{L}{r_L C} \cdot \frac{1 - j\dfrac{r_L}{\omega L}}{1 + j\left(\dfrac{\omega L}{r_L} - \dfrac{1}{\omega C r_L}\right)} \tag{3-18-12}$$

只有 $\widetilde{Z}$ 是实数时才产生谐振,于是可得

$$\omega_0' = \sqrt{\frac{1}{LC} - \frac{r_L^2}{L^2}} \tag{3-18-13}$$

ω'_0 与串联谐振圆频率的 ω_0 间的关系为

$$\omega'_0 = \omega_0 \sqrt{1 - \frac{1}{Q^2}} \qquad (3\text{-}18\text{-}14)$$

式中,Q 的定义和串联谐振时的一样,表达式也一样。

由式(3-18-14)可以看出 ω'_0 与 ω_0 近似相等的程度。例如,当 $Q = 10$ 时,算得 ω'_0 较 ω_0 仅低约 0.5%。

对并联谐振,亦有

$$f_2 - f_1 = \frac{f_0}{Q}$$

2）谐振时的总阻抗

$$Z'_{\omega_0} = \frac{L}{r_L C} = Q^2 r_L \qquad (3\text{-}18\text{-}15)$$

3）谐振时的电流

在 U 一定的情况下,由于谐振时的总阻抗是极大值,所以谐振时总电流是极小值。这时,它与分支电流的关系为

$$QI = I_L = I_C \qquad (3\text{-}18\text{-}16)$$

故并联谐振又可称为电流谐振。

【实验步骤】

所用电路如图 3-18-6 所示。式中,$R' = 5\ \text{k}\Omega$ 是专为测量 $I\text{-}f$ 曲线的 I 值而设置的。

1）测出 $I\text{-}f$ 曲线

具体做法、步骤自行思考。测作时,$\sim$ 的输出电压 U_0 保持一定,取 $U_0 = 4.0\ \text{V}$,谐振时 U' 出现极小值。

2）测 Q 值

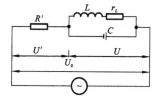

图 3-18-6

由于 $Q \approx \dfrac{I_C}{I} = \dfrac{U / \dfrac{1}{\omega_0 C}}{U'_{\min}/R'} = \omega_0 C R' U / U'_{\min}$,故调节 ω 使 R' 上的电压 U' 正好为极小值 $U'_{\min}$ 时(此时 $\omega = \omega_0$),代入各值便可算出 Q 值。

实验十九　示波器的原理及应用

电子示波器是一种利用阴极射线管来显示电学量随时间周期性变化的仪器,它除了能观察电压随时间变化的波形外,还可定量测量波形的幅值、频率、相位等,是目前生产、科研中常用的电子仪器。

【实验目的】

（1）了解示波器的结构,理解示波器的示波原理,从而对示波器有一概略的认识,能正确地使用示波器。

（2）会正确使用示波器展示波形,测量信号的幅值、频率、观测李萨茹图形等。

【实验原理】

示波器主要由示波管、扫描触发系统、放大部分、电源部分组成。

1. 示波管

示波管是电子示波器的核心,如图 3-19-1 所示。它是一个高真空度的静电控制的电子束玻璃管。示波管的阴极被灯丝加热后发射出大量电子,这些电子穿过控制栅极后,受第一、第二阳极的聚焦和加速作用,形成一束电子束,电子束通过偏转板打在示波管的荧光屏上,形成亮点。亮点的亮度与通过控制栅极中心小孔的电子密度成正比,改变控制栅极的电压,就可以改变亮点的亮度,此即为辉度(亮度)调节。改变聚焦阳极和加速阳极的电压可以影响电子束的聚焦程度,使亮点的直径最小,图像最清晰,这就是聚焦调节。亮点在屏上的位移与偏转板上所加的电压成正比,因此,亮点的运动轨迹描绘出纵偏和横偏信号的合成运动规律的图像。

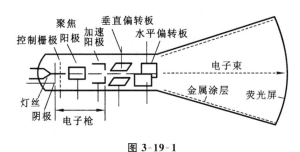

图 3-19-1

2. 示波器的示波原理

若要示波器显示出信号电压随时间周期性变化的波形,就必须进行扫描和整步,即要使垂直偏转(Y 轴)加入的待观测的电压波形展示在荧光屏上,就需要在水平偏转(X 轴)加入一个锯齿波线性扫描电压,即 $u_X = kt$(见图 3-19-2)。若仅在水平偏转加锯齿电压,亮点在屏上沿水平方向从左向右做匀速线性运动。当扫描电压达到最大值 U_{max} 时,亮点偏转位移最大,然后迅速返回原点。当锯齿波形重复产生时,亮点不断地在荧光屏上自左向右往复运动,如果频率较快,则在屏上呈现一条水平亮线。这个过程称为扫描,这条水平线称为扫描线。因亮点的水平位移 $x \propto u_X$,所以 $x \propto t$。可见,水平偏转位移 x 的大小可以代表时间的长短。若在 X 轴加锯齿波形扫描电压的同时,在 Y 轴加上被观测的电压信号(本实验以所观测的正弦波 $u_Y = U\sin(\omega t)$ 为例),就可以使 u_Y 沿水平轴展开。此时屏上显示的图形,在平面直角坐标系中 Y 轴代表电压,X 轴代表时间,如图 3-19-3 所示。从图中看出,当锯齿波形电压周期 T_X 等于 Y 轴输入正弦波电压的周期 T_Y(或等于输入信号周期的整数倍)时,锯齿波每个周期在屏上扫出的波形重复,荧光屏上将显示稳定不变的图形。由图 3-19-3 可知,在锯齿电压由 0 增加到幅值的每个周期内,电子束被扫描一次,它的轨迹是两个周期长的正弦波($T_x = 2T_Y$),假如 u_Y 的频率为 50 Hz,则在每一秒钟内电子束被扫描 25 次,即在荧光屏上周期性地出现 25 条两个周期的正弦波曲线。如果在一秒钟期限内,存在 $T_X = 2T_Y$,则这 25 条形状大小相同的轨迹条条位置相同(重叠),显示的便是一个稳定的波形图。因此,构成简单、稳定的示波图形的条件是 Y 轴偏转电压频率与 X 轴偏转电压频率成整数比,即

$$f_Y / f_X = n \quad (n = 1, 2, 3, \cdots) \tag{3-19-1}$$

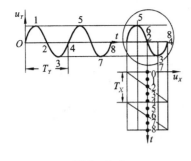

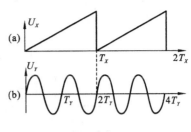

图 3-19-2   图 3-19-3

如果锯齿波频率与输入信号的频率间不满足式(3-19-1),那么每次锯齿波所扫出的正弦波形就不会重复。这时屏上图像就会不断移动或波形很复杂,难以观测。为了观测不同频率的电压波形,应及时调节锯齿波频率,使式(3-19-1)得到满足。

被测信号的频率 f_Y 不可能刚好是扫描频率 f_X 的整数倍。虽然可以通过调节扫描频率 f_X,使其满足整数倍关系,但由于扫描信号源与被测信号源是独立的,不可能始终满足整数倍这一条件,因此示波器必须具有扫描同步功能。常用示波器的扫描同步具有两种方式:连续扫描和触发扫描。扫描同步的目的是让被测信号去控制扫描信号的频率,使得两者频率始终满足稳定扫描的条件。本机的扫描方式是触发扫描。在这种方式下,把被测信号或与之有关的信号整形变成触发脉冲信号,扫描信号发生器在触发脉冲触发下产生一个扫描信号(在扫描过程中,扫描电路不受在此期间的触发脉冲的影响),完成一次扫描后,等待下一个触发脉冲,再进行扫描。这样产生的扫描信号必定满足完整、稳定的条件(见图 3-19-4)。

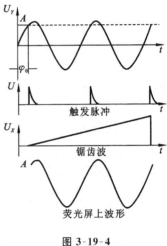

图 3-19-4

3. 示波器的方框结构图

在示波器中除了示波管以外,其余部分几乎全是电子线路。这些电路有待在电子线路及其他实验课程中去学习,因此只画出示波器的方框图,如图 3-19-5 所示。

4. COS-620 示波器使用介绍

1) 面板简介

图 3-19-6 所示是 COS-620 示波器面板图。

(1) 垂直轴。

⑰ CH1(X)输入:在 X-Y 模式下,作为 X 轴的输入端。

⑱ CH2(Y)输入:在 X-Y 模式下,作为 Y 轴的输入端。

㉘㉝ CH1 和 CH2 的 DC BAL:用于两个通道的衰减器平衡调试。

⑮⑯ AC-GND-DC:选择垂直轴输入信号的输入方式。

AC:交流耦合。

GND:垂直放大器的输入接地、输入端断开。

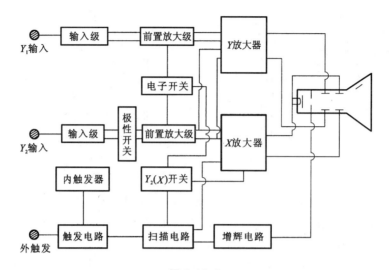

图 3-19-5

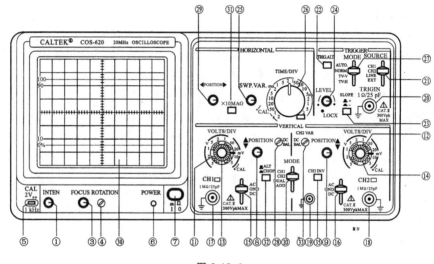

图 3-19-6

DC:直流耦合。

⑪⑫ 垂直衰减开关:调节垂直偏转灵敏度,从 5 mV/div～5 V/div 分 10 挡。

⑬⑭ 垂直微调:微调灵敏度大于或等于 2.5/1 标示值,在校正位置时,灵敏度校正为标示值。

⑧⑨ ▼▲ 垂直位移:调节光迹在屏幕上的垂直位置。

⑩ 垂直方式选择开关:选择 CH1 与 CH2 放大器的工作模式。

CH1 或 CH2:通道 1、通道 2 单独显示。

DUAL:两个通道同时显示。

ADD:显示两个通道的代数和 CH1+CH2。按下 CH2 INV(㉟)按钮,为代数差 CH1-CH2。

㉜ ALT/CHOP:在双踪显示时,放开此键,表示通道 1 与通道 2 交替显示(通常用在扫描速度较快的情况下);当此键按下时,通道 1 与通道 2 同时断续显示(通常用于扫描速度较慢的

情况下)。

㉟ CH2 INV:通道 2 的信号反向,当此键按下时,通道 2 的信号以及通道 2 的触发信号同时反向。

(2) 触发。

⑳ 外触发输入端子:用于外部触发信号。当使用该功能时,开关㉑应设置在"EXT"的位置上。

㉑ 触发源选择:选择内(INT)或外(EXT)触发。

CH1:当垂直方式选择开关⑩设定在 DUAL 或 ADD 状态下时,选择通道 1 作为内部触发信号源。

CH2:当垂直方式选择开关⑩设定在 DUAL 或 ADD 状态下时,选择通道 2 作为内部触发信号源。

㉒ TRIG ALT:当垂直方式选择开关⑩设定在 DUAL 或 ADD 状态下,而且触发源开关㉑选在通道 1 或通道 2 上,按下㉒时,它会交替选择通道 1 和通道 2 作为内触发信号源。

LINE:选择交流电源作为触发信号源。

EXT:外部触发信号接于⑳作为触发信号。

㉓ 极性:触发信号的极性选择,"+"表示上升沿触发,"-"表示下降沿触发。

㉔ 触发电平:显示一个同步稳定的波形,并设定一个波形的起始点。向"+"旋转触发电平向上移,向"-"旋转触发电平向下移。

㉗ 触发方式:选择触发方式。

AUTO:自动,当没有触发信号输入时扫描在自由模式下。

NORM:常态,当没有触发信号时,踪迹在待命状态下并不显示。

TV-V:电视场,当想要观察一场的电视信号时。

TV-H:电视行,当想要观察一行的电视信号时。

仅当同步信号为负脉冲时,方可同步电视场和电视行。

㉔ 触发电子锁定:将触发电平旋钮㉔向逆时针方向转到底听到"咔嗒"一声后,触发电平被锁定在一个固定电平上,这时改变扫描速度或信号幅度,不再需要调节触发电平,即可获得同步信号。

(3) 时基。

㉖ 水平扫描速度开关:扫描速度分 20 挡,从 0.2 μs/div 到 0.5 s/div。当设置到 X-Y 位置时可用作 X-Y 示波器。

㉕ 水平微调:微调水平扫描时间,使扫描时间被校正到与面板上 TIME/DIV 指示的一致。TIME/DIV 扫描速度可连续变化,顺时针旋转到底便处于校正位置。整个延时可达 2.5 倍甚至更多。

㉙ ◀▶水平位移:调节光迹在屏幕上的水平位置。

㉛ 扫描扩展开关:按下时扫描速度扩展 10 倍。

(4) 其他。

⑤ CAL:提供幅度为 U_{p-p}、频率为 1 kHz 的方波信号,用于校正 10∶1 探头的补偿电容器和检测示波器垂直与水平的偏转因数。

⑲ GND:示波器机箱的接地端子。

（5）后面板（见图 3-19-7）。

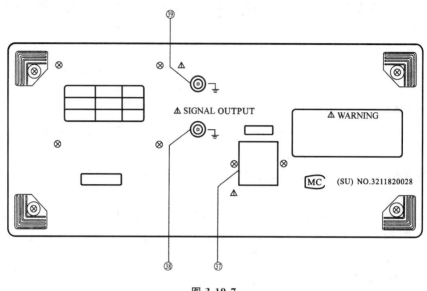

图 3-19-7

㊴ Z 轴输入:外部亮度调制信号输入端。

㊳ 外测频输出:提供与被测信号相同频率的脉冲信号,适合外接频率计。

㊲ 交流电源:交流电源输入插座、交流电源线接于此处。

2）示波器使用

（1）示波器的基本调节。

不管是什么型号的示波器,也不管用于哪一种观测,在具体观测前首先对示波器做基本调节,使它处于待测正常状态。基本调节步骤如下。

第一步:接通示波器总电源(～220 V)前应先对示波器面板旋钮进行下述调节。

① 将"辉度"旋钮向左旋到最小位置。

② 将"垂直""水平"位移旋钮置于中间位置。

③ 将两只"AC-GND-DC"选择开关均置"GND"位置,并将"VERTCAL·MODE"置"ALT"(交替)位置。把两个 V/DIV 置 5 V。

④ 将 X-Y 置 OFF,把"SWEEP TIME/DIV 暂选置 0.5 ms,并把×10 MAG"置 OFF,以使示波器处于自激扫描态。

⑤ 将触发信号(SOURCE)置"VERTMODE",把触发方式(MODE)置"AUTO"。

第二步:把示波器调至待测正常状态,即接通电源开关 10～15 s 后,出现亮线。

① 调节"辉度"与"聚焦"旋钮,使扫描线亮度适中,细而清晰。

② 调节"垂直""水平"位移旋钮,使扫描线上下、左右位置适中,这时示波器便调在待测正常状态了。

（2）波形显示。

① 由通道 CH1、CH2 输入信号,两只"AC-GND-DC"选择开关置于"AC"或"DC"。选择合适的"V/DIV",使图形大小适中。注意要将示波器的"地"与输入信号源的"地"相接,以避免干扰信号,使图像稳定。

② 调节"SWEEP TIME/DIV"(扫描调节),使图像比较稳定。

③ 调节"LEVEL"(触发电平),使图像完全稳定。

【实验步骤】

1. 显示电压波形

(1) 以低频信号发生器作为信号源,输入电压为 5.0 V,频率分别取 50 Hz、5.0×10^3 Hz,用示波器显示各信号的一个和多个稳定的正弦波。

(2) 取信号源电压 5.0 V,$f = 5.0 \times 10^3$ Hz,改变触发信号的前后沿和电平,观察图形的变化。

2. 检测和应用偏转灵敏度的倒数 V/DIV 值

(1) 检测 CH1,通道"V/DIV"置于标称值 2 时的实际值。

所输入的标准信号用 50 Hz 正弦电压,其有效值 U 取 5.0 V(用万用表指示出此值)。

(2) 用已检测(标准)了的 V/DIV 值检测示波器的标准信号(矩形波)的电压幅值 $U_{p\text{-}p}$。此实验的记录及计算结果列表如表 3-19-1 所示。

表 3-19-1

所测频率	U/V	$2U_m/V$ (峰・峰)	$2S_m/cm$ (射线对应) (偏转值)	V/DIV (实测)	V/DIV (标称)	V/DIV $\dfrac{实测-标称}{实测}$
CH1	5.0 过程顺序	算出此值 →	测出此值	待检测值	2.0 V/cm	计算出此误差值

3. 观测李萨茹图形

电子束在屏上同时做两个互相垂直的简谐运动时,其合成轨迹随着它们的频率比值的不同而不同,如图 3-19-8 所示。

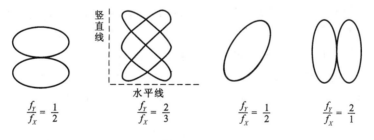

图 3-19-8

当 Y 轴方向的正弦电压 U_Y 的频率为 f_Y、X 轴方向的正弦电压 U_X 的频率为 f_X 时,称为李萨茹图形,频率比关系为

$$\frac{f_Y}{f_X} = \frac{n_X}{n_Y}$$

式中,n_X 是设想的水平线与李萨茹图形相切的切点个数,n_Y 是设想的竖直线与李萨茹图形相切的切点个数。

用两个信号源输出正弦信号,一个输入 Y 轴,另一个输入 X 轴,调节 f_Y/f_X 的比值,分别观测所合成的图(见图 3-19-8)中的李萨茹图形,并记录对应的 f_Y、f_X 值。为了简便,取 $f_X \equiv 50$ Hz。

应该指出,两个彼此独立的正弦电压信号的李萨茹图形是调不到稳定不动的,好在当它们的频率比为简单整数比时,图形变化较慢。因此,李萨茹图形法只在两频率值相近的情况下才测得准。

4. 检测示波器的校正信号 CAL 的频率 f_C 值(选做)

(1) 用扫描法(即用 T/DIV)测 f_C。

(2) 用 $f_Y/f_X = 1$ 的似李萨茹图形法测 f_C。

实验二十　*RLC* 串联电路的稳态特性

【实验目的】

(1) 通过观测,分析 *RLC* 串联电路的幅频特性和相频特性,以便理解和具体应用此两特性。

(2) 进一步学习用示波器进行相位差的测量。

【实验仪器】

信号发生器、毫伏表、示波器(COS-620 示波器)、自感器、电容器、电阻器。

【实验原理】

由于电感和电容在交流电路中的感抗和容抗与频率有关,所以,在交流电路中电感和电容存在时,各元件上的电压和电路中的电流都会随频率的变化而发生变化,且回路中的总电流和总电压的相位差也和频率有关。电流、电压的幅值与频率间的关系称为幅频特性;电流和电源电压间、各元件上的电压和电源电压间的相位差与电源频率的关系称为相频特性。我们研究的是 *RLC* 串联电路的稳态特性。所谓电路的稳态,就是该电路在接通正弦交流电源一段时间(一般为电路的时间常数的 5~10 倍)以后,电路中的电流 *i* 和元件上的电压(u_R、u_C、u_L)的波形已经发展到保持与电源电压波形相同且幅角稳定这样一种稳定状态。

1. *RC* 串联电路的幅频特性和相频特性

我们知道,在图 3-20-1 所示的电路中,*RC* 总阻抗的复数式为

$$\widetilde{Z} = R - j\frac{1}{\omega C}$$

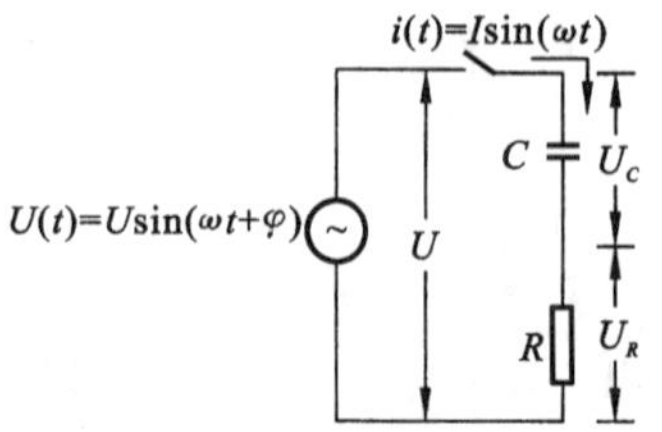

$\widetilde{Z}$ 的模为

$$Z = |\widetilde{Z}| = \sqrt{R^2 + \left(\frac{1}{\omega C}\right)^2}$$

$\widetilde{Z}$ 的辐角为

$$\varphi = \arctan\left[\frac{-\frac{1}{\omega C}}{R}\right] = -\arctan\frac{1}{\omega CR} \tag{3-20-1}$$

图 3-20-1

φ 为 *U* 与 *I* 间的相位差,即

$$\varphi = \varphi_U - \varphi_I$$

将交流欧姆定律运用在此电路上,则电阻上的电压为

$$U_R = IR \tag{3-20-2}$$

电容上的电压为

$$U_C = \frac{I}{\omega C} \tag{3-20-3}$$

总电压为

$$U = I\sqrt{R^2 + \left(\frac{1}{\omega C}\right)^2} \tag{3-20-4}$$

图 3-20-2 所示为上述电压、电流(有效值或峰值)的矢量图。

由式(3-20-4)解出 I,然后分别代入式(3-20-2)、式(3-20-3),得

$$U_R = \frac{U}{\sqrt{1 + \left(\frac{1}{\omega CR}\right)^2}} \tag{3-20-5}$$

$$U_C = \frac{U}{\sqrt{1 + (\omega CR)^2}} \tag{3-20-6}$$

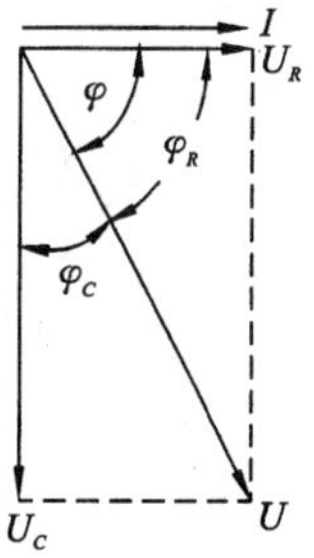

由上面有关公式得到下面几点结论:

(1)式(3-20-5)和式(3-20-6)表明幅频特性如下。

图 3-20-2

当 $\omega \to 0$ 时,$\begin{cases} U_R \to 0 \\ U_C \to U \end{cases}$;

当 ω 值逐渐增大时,U_R 随着逐渐增大,U_C 随着逐渐减小;

当 $\omega \to \infty$ 时,$\begin{cases} U_R \to U \\ U_C \to 0 \end{cases}$。

幅频特性曲线如图 3-20-3 所示。

利用 U_R-ω 幅频曲线所表明的幅频特性可组成高(频)通(过)滤波器,而 U_C-ω 是低通滤波器的幅频特性。

(2)式(3-20-1)表明相频特性。

由图 3-20-2 和式(3-20-1)可知,输出电压 U_R 与输入电压 U 间的相移——相位差 φ_R(=$-\varphi$)与圆频率 ω 有关。当 ω 很低时,$\varphi_R \to +\frac{\pi}{2}$;当 ω 很高时,$\varphi_R \to 0$,其关系曲线如图 3-20-4 所示。由图 3-20-2 还可知:$\varphi_C = -\left(\frac{\pi}{2} - |\varphi|\right)$。$\varphi_C$-$\omega$ 曲线也在图中画出。

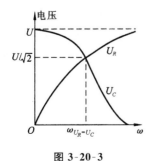

图 3-20-3

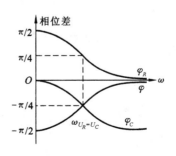

图 3-20-4

利用相频特性可组成相移电路。

（3）等幅频率（截止频率）。

由式（3-20-2）和式（3-20-3）可知，当 $\frac{1}{\omega C}=R$ 时，$U_R=U_C$，我们把此时的频率值记为 $f_{U_R=U_C}$，那么有

$$f_{U_R=U_C}=\frac{\omega_{U_R=U_C}}{2\pi}=\frac{1}{2\pi RC}$$

由式（3-20-1）、式（3-20-5）、式（3-20-6）可知，在此频率时可得

$$\begin{cases} \varphi_R=+\dfrac{\pi}{4}, \quad \varphi_C=-\dfrac{\pi}{4} \\ U_R=U_C=\dfrac{U}{\sqrt{2}}=0.707U \end{cases}$$

通常把 $0.707U$ 作为能通过滤波器的电压的最低值。由此可知：高通滤波器的等幅频率是能通过的高段频率的下界频（见图3-20-3），低通滤波器的等幅频率是能通过的低段频率的上界频。因此，等幅频率又称为截止频率。

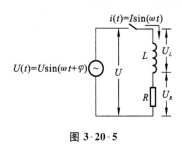

图 3-20-5

2. RL 串联电路的幅频特性和相频特性

电路如图3-20-5所示，RL 的总阻抗的复数式为

$$\tilde{Z}=R+\mathrm{j}\omega L$$

其模为

$$Z=|\tilde{Z}|=\sqrt{R^2+(\omega L)^2}$$

其辐角为

$$\varphi=\arctan\frac{\omega L}{R} \tag{3-20-7}$$

对此电路有

$$U_R=IR \tag{3-20-8}$$

$$U_L=I\omega L \tag{3-20-9}$$

$$U=I\sqrt{R^2+(\omega L)^2} \tag{3-20-10}$$

图3-20-6所示为上述的电压、电流矢量图。

同理，可得

$$U_R=\frac{U}{\sqrt{1+\left(\dfrac{\omega L}{R}\right)^2}} \tag{3-20-11}$$

$$U_L=\frac{U}{\sqrt{1+\left(\dfrac{R}{\omega L}\right)^2}} \tag{3-20-12}$$

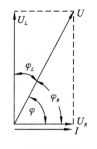

图 3-20-6

由上面有关公式可得下面几点串联电路的特性。

（1）幅频特性。

当 $\omega\to 0$ 时，$\begin{cases} U_R\to U \\ U_L\to 0 \end{cases}$；

当 ω 逐渐增大时，U_R 随着逐渐减小，U_L 逐渐增大；

当 $\omega\to\infty$ 时，$\begin{cases} U_R\to 0 \\ U_L\to U \end{cases}$。

曲线如图 3-20-7 所示。利用此幅频特性可组成滤波器。

（2）相频特性。

因为 $\varphi_R = -\varphi$，故 φ_R-ω 相频特性曲线如图 3-20-8 所示。可以看出，当 ω 从 0 逐渐增大并趋近∞时，相应的 φ_R 的值从 0 逐渐减小并趋近于 $-\dfrac{\pi}{2}$。φ-ω 曲线也已在此图中画出。

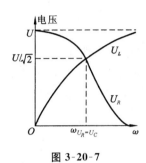

图 3-20-7

图 3-20-8

（3）等幅频率（截止频率）。

使 $U_R = U_L$ 的频率 $f_{U_R=U_L}$ 称为等幅频率，其值为

$$f_{U_R=U_L} = \frac{R}{2\pi\omega L}$$

在此频率下，有

$$\varphi_R = -\frac{\pi}{4}, \quad \varphi_L = \frac{\pi}{4}$$

$$U_R = U_L = \frac{U}{\sqrt{2}} = 0.707U$$

3. RLC 串联电路的相频特性

RLC 串联电路的幅频特性在实验（RLC 谐振实验）中已学习过。

图 3-20-9 所示为电路图，总阻抗复数式为

$$\widetilde{Z} = R + j\omega L - j\frac{1}{\omega C}$$

其模为

$$Z = \sqrt{R^2 + \left(\omega L - \frac{1}{\omega C}\right)^2}$$

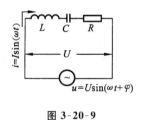

图 3-20-9

其辐角为

$$\varphi = \arctan \frac{\omega L - \dfrac{1}{\omega C}}{R} \tag{3-20-13}$$

R 上的电压为

$$U_R = IR = \frac{U}{Z}R = \frac{UR}{\sqrt{R^2 + \left(\omega L - \dfrac{1}{\omega C}\right)^2}} = \frac{U}{\sqrt{1 + \left(\dfrac{\omega L - \dfrac{1}{\omega C}}{R}\right)^2}} \tag{3-20-14}$$

由式（3-20-13）、式（3-20-14）可得出：

（1）谐振频率。

当 $\omega L - \dfrac{1}{\omega C} = 0$，即 $\omega = \dfrac{1}{\sqrt{LC}}$ 时，有 $\varphi = 0$，并且 $U_R = U$ 为极大值。此时的频率 f 记为 f_0，称为谐振频率。电路的这一特殊状态称为谐振态。

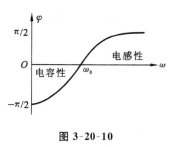

图 3-20-10

$$f_0 = \frac{\omega_0}{2\pi} = \frac{1}{2\pi\sqrt{LC}}$$

（2）相频特性。

由式（3-20-13）表明的相频特性曲线如图 3-20-10 所示。在 $\omega < \omega_0$ 的范围内，$\varphi < 0$，此时整个电路呈电容性；在 $\omega > \omega_0$ 的范围内，$\varphi > 0$，电路呈电感性；在 $\omega = \omega_0$ 时，$\varphi = 0$，电路为纯电阻。

【实验内容】

1. 测作 RC 串联电路的幅频、相频特性曲线

为了测定出此两曲线，要求按下面记录表格（见表 3-20-1）中的 f 值条件测出相应的 U_R、U_C、φ 值。

表 3-20-1

f/Hz	500	1.20×10^3	1.70×10^3	2.0×10^3	3.0×10^3	5.0×10^3
U_R/V						
U_C/V						
$\dfrac{2x_0/\mathrm{cm}}{2X/\mathrm{cm}}$						
$\varphi/(°)$						

2. 测量电路说明

所用电路如图 3-20-11 所示。由 200 Ω 的电阻和 0.47 μF 的电容串联组成待测电路。接入该电路的信号源是晶体管信号发生器，它输出的正弦电压值和频率都可调节，并由仪器自身指示出来。

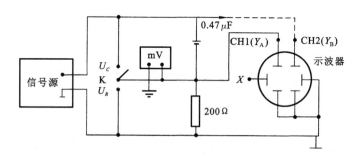

图 3-20-11

毫伏表 mV 和单刀双掷开关 K 相配合，分别测出 U_C、U_R。

COS-620 示波器有两种用途：

（1）"同时"显示 U、U_R 两个电压的波形；

（2）显示 U、U_R 的李萨茹图形。

用这两种用途都可测量 U 与 U_R 间的相位差 φ。

图中带箭头的线可与示波器的"CH2"（即 Y_B）或"X"相接，当示波器做（1）用途时，应接"CH2"（Y_B）；当示波器做（2）用途时，应接入"X"。

【实验步骤】

（1）照图 3-20-11 连接好电路，并把仪器调至安全待测状态，包括：① 信号源的"输出细调"旋钮旋至输出最小位置；② 示波器的"辉度"旋钮转至最暗位置；③ mV 量程选取最大量程挡。

然后接通各仪器的电源，预热后，再把仪器调至正常工作状态。

（2）在信号源的 f 取 500 Hz，$U=3.00$ V 的条件下测量 U_R、U_C 值。

（3）仍在 $f=500$ Hz 的条件下，测量 $2x_0$ 和 $2x$ 值以便计算 φ。

测量 $2x_0$ 和 $2x$ 时，带箭头的线应接在 X 轴上，即将"X-Y"键按下，Y 轴 CH2（Y_B）变成 X 轴，屏幕上呈现一李萨茹图形（椭圆）。椭圆大小由 U 值、CH1（Y_A）的"V/cm"值、X 的"V/cm"值三者共同确定。

（4）仿照（2）、（3），依次测量出表格中其余各 f 值条件下的 U_R、U_C、φ 值。

（5）用 mV 校准信号源 V 输出的 3.00 V。

因时间不够，不必用比较法测各个频率下相应的 φ 值，但可以在 $f=1.70\times10^3$ Hz（截止频率）的条件下测量 φ 值，并与用李萨茹图形法测得的 φ 值相比较。

【附录】

示法器测量相位差

示波器是测量相位差较理想的仪器，用它测量相位差有两种方法。

1. 比较法（双踪示波法）

将 $u_R(t)$ 输入 CH1、$u(t)$ 输入 CH2，调节示波器有关旋钮，使 $u_R(t)$、$u(t)$ 出现图 3-20-12 所示的数个周期波形图。

因为

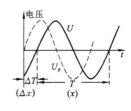

$$\omega=\frac{2\pi}{T}=\frac{\varphi}{\Delta T}$$

图 3-20-12

故

$$\varphi=\frac{\Delta T}{T}\cdot 2\pi$$

T、ΔT 分别对应于荧光屏上横轴方向的长度 x、Δx，故上式变为

$$\varphi=\frac{\Delta x}{x}\cdot 2\pi$$

由图测出 x、Δx，便可算出 φ。

当 $u(t)$ 与 $u_R(t)$ 的波形如图 3-20-12 所示时，$u(t)$ 落后于 $u_R(t)$，此时算出的 φ 值应取负号。若 $u(t)$ 超前于 $u_R(t)$，则 φ 值为正。

为了便于观测并使 φ 的测量误差较小,一般以调出 1 个或 2 个周期的波形图为宜。

2. 李萨茹图形法

将 u_R 作为示波器的垂直输入信号,以 $u(t)$ 作为示波器的水平输入信号,将在荧光屏上得到图3-20-13中的某一种图形,这些是两个相互垂直的同频率的正弦振荡的合成图形,称为李萨茹图形。下面推导用李萨茹图形法测 φ 的原理公式(式(3-20-16))。我们知道,在两个互相垂直的方向上的振荡(见图 3-20-13(d))分别为

$$y = Y\sin(\omega t) \tag{3-20-15}$$
$$x = X\sin(\omega t + \varphi) \tag{3-20-16}$$

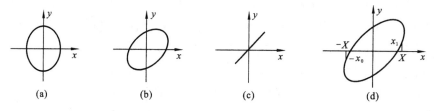

图 3-20-13

当 $f = 0$ 时,由式(3-20-15)得 $\omega t = 0$,此时式(3-20-16)变为

$$x = x_0 = X\sin\varphi$$

$$\sin\varphi = \frac{x_0}{X} = \frac{2x_0}{2X}$$

$$\varphi = \arcsin\frac{2x_0}{2X} \tag{3-20-17}$$

由此测 φ 公式(式(3-20-17))可以推出

图 3-20-13(a): $\varphi = \pm\dfrac{\pi}{2}$

图 3-20-13(c): $\varphi = 0$

实验二十一　静电场描绘

【实验目的】

(1) 了解用模拟法测绘静电场分布的原理。

(2) 用模拟法测绘静电场的分布,作出等势线和电力线。

【实验仪器】

静电场描绘仪、电极、静电场描绘仪电源、连接线。

【实验原理】

在一些电子器件和设备中,有时需要知道其中的电场分布,电场分布一般都通过实验的方

法来确定。直接测量电场有很大的困难,所以实验时常采用一种物理实验的方法——模拟法,即仿造一个与原静电场完全一样的电流场(模拟场)。因为电流密度 j 正比于电场强度 E,即

$$j = \sigma E$$

式中,σ 为该点的导电率(微分欧姆定律)。因此可用微分欧姆定律间接地测出被模拟的电场中各点的电位,连接各等电位点作出等位线。根据电力线与等位线的正交关系,描绘出电力线,即可形象地了解电场情况,以加深对电场强度、电位和电位差概念的理解。

1. 平行导线的电场分布

在图 3-21-1 中,A、B 两点各带等量异号电荷,其上电位分别为 $+U$ 和 $-U$,由于对称性,等电位面也是对称分布的。

做实验时,以导电率 σ 合适的自来水或导电纸为导电质,在两电极上加一定的电压,可以测出两点电荷的电场分布。

2. 同轴圆柱面的电场分布

如图 3-21-2 所示,在圆环 B 的中心置一正电荷源 A,由于对称性,等位面都是同心圆。

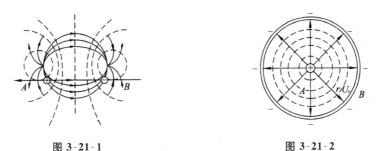

图 3-21-1　　　　　　　　　　　　图 3-21-2

对于图 3-21-2,设小圆的电位为 U_a,半径为 a,大圆的电位为 U_b,半径为 b,则电场中距离轴心为 r 处的电位 U_r 可表示为

$$U_r = U_a - \int_a^r E \cdot \mathrm{d}r \qquad (3\text{-}21\text{-}1)$$

根据高斯定理,圆环内 r 点的场强为

$$E = \frac{K}{r} \quad (\text{当 } a < r < b \text{ 时}) \qquad (3\text{-}21\text{-}2)$$

式中,K 由圆环的电荷密度决定。

将式(3-21-2)代入式(3-21-1),有

$$U_r = U_a - \int_a^r \frac{K}{r} \mathrm{d}r = U_a - K \ln \frac{r}{a} \qquad (3\text{-}21\text{-}3)$$

在 $r = b$ 处应有

$$U_b = U_a - K \frac{b}{a}$$

所以

$$K = \frac{U_a - U_b}{\ln \dfrac{b}{a}} \qquad (3\text{-}21\text{-}4)$$

如果取 $U_a = U_0$,$U_b = 0$,将式(3-21-4)代入式(3-21-3),得到

$$U_r = U_0 \frac{\ln \dfrac{b}{r}}{\ln \dfrac{b}{a}} \tag{3-21-5}$$

为了计算方便,上式也可写作

$$U_r = U_0 \frac{\log \dfrac{b}{r}}{\log \dfrac{b}{a}} \tag{3-21-6}$$

式(3-21-6)决定了等位线沿 r 分布的规律,可用于定量测量进行分析对比。

3. 聚焦电极的电场分布

示波管的聚焦电场由第一聚焦电极 A_1 和第二加速电极 A_2 组成。A_2 的电位比 A_1 的电位高。从电子枪 Y 点散发出的热电子经过此电场时,由于受到电场力的作用,电子聚焦和加速。图 3-21-3 所示的就是其电场分布。通过此实验,可了解静电透镜的聚焦作用,加深对阴极射线示波管的理解。

4. 平行板电极及点与平行板电极的电场分布

平行板电极及点与平行板电极的电场分布分别如图 3-21-4 和图 3-21-5 所示。

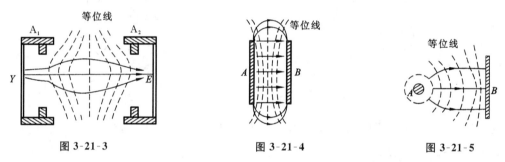

图 3-21-3　　　　　　　图 3-21-4　　　　　　　图 3-21-5

当用自来水作介质时,为了避免直流电压长时间加在电极上,致使电极产生"极化作用",影响电流场的分布,本实验在两极间通以交流电压,此交流电压的有效值与直流电压是等效的,所以其模拟的效果和位置完全与直流电流场相同。为了减小用电压表测量电势时引入的系统误差,本实验采用高内阻的交流数字电压表测量。

【实验步骤】

(1) 先作同轴圆柱面的电场分布,测量电路如图 3-21-6 所示,线路接好后经教师检查后方可通电。

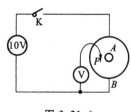

图 3-21-6

(2) 将静电场描绘电源上"测量"与"输出"转换开关打向"输出"端,调节电压到 10 V。

(3) 将"测量"与"输出"转换开关打向"测量"端。

(4) 将坐标纸平铺于电极架的上层并用磁条压紧,移动双层同步探针选择电势点,压下上探针打点,然后移动探针选取其他等势点并打点,即可描出一条等势线。

(5) 本实验要求测绘出 2 V、3 V、4 V、5 V、6 V、7 V、8 V 七条等

势线。

（6）重复步骤（4）、（5），可测绘出不同电极的等势线和电力线。

（7）测试结束，关闭电源，整理好导线和电极。

【注意事项】

（1）水盘内各处水深要相同（为什么？），水不要太深，水深以 5 mm 左右为宜。

（2）测绘前先分析一下电极周围等势线的形状，以及是否具有对称性，对等势点的位置做估计，以便有目的地进行探测。

（3）操作时，右手平稳地移动探针架，同时注意保持探针 P、P' 处于同一铅垂线上，以免测绘结果失真。

（4）为了保证测绘的准确性，每条等势线上不得少于 10 个测量点。

【数据处理】

（1）用光滑曲线将测得的各等势点连成等势线，并标出每条等势线对应的电势值。

（2）在各测得的电势分布图上用虚线至少画出 8 条电力线，注意电力线的箭头方向，以及电力线与等势线的正交关系。

（3）对同轴电缆的测绘结果，要将坐标纸上各等势线的电势值及相应圆环的半径的平均值填入表 3-21-1，并由此作出 U_r-r 曲线，并与计算结果相比较。

表 3-21-1

U_r/V	2.00	3.00	4.00	5.00	6.00	7.00	8.00
$\bar{r}/\text{cm}$							

第四章　光　学　实　验

实验二十二　薄透镜焦距的测定

透镜是光学仪器中最基本的光学元件,而焦距是透镜的重要参量之一,透镜的成像位置及性质(大小、虚实)均与其有关。实际工作中,常常需要测定不同透镜的焦距以供选择。测焦距的方法有多种,应根据不同的透镜、不同的精度要求和具体的实验条件选择合适的测焦距方法。本实验仅介绍几种常用方法。

【实验目的】

(1) 学习光具座上各元件的共轴调节方法。

(2) 掌握测定薄透镜焦距的几种基本方法。

【实验仪器】

光具座、凸透镜、凹透镜、平面反射镜、望远镜、物(带十字线的毛玻璃)、像屏(白屏)、光源。

【实验原理】

透镜分为两类:一类是凸透镜(或称正透镜或会聚透镜),对光线起会聚作用,焦距越短,会聚本领越大;另一类是凹透镜(或称负透镜或发散透镜),对光线起发散作用,焦距越短,发散本领越大。

在近轴光线的条件下,将透镜置于空气中,透镜成像的高斯公式为

$$\frac{1}{s'} - \frac{1}{s} = \frac{1}{f'} \tag{4-22-1}$$

式中,s'为像距,s为物距,f'为第二焦距。

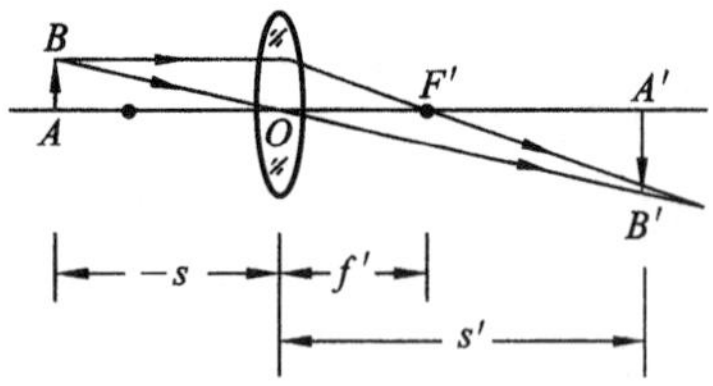

对于薄透镜,因透镜的厚度比球面半径小得多,因此透镜的两个主平面与透镜的中心面可看作是重合的。s、s'、f'皆可视为物、像、焦点与透镜中心(即光心)的距离,如图4-22-1所示。

对于式(4-22-1)中各物理量的符号,我们规定:光线自左向右传播,以薄透镜中心为原点量起,若其方向与光的传播方向一致则为正,反之为负。运算时,已知量需要添加符号,未知量根据求得结果中的符号判断其物理意义。

测定薄透镜焦距的方法有多种,它们均可以由式(4-22-1)导出,至于选用什么方法和仪器,

图 4-22-1

应根据测量所要求的精度来确定。

1. 测凸透镜的焦距

1）用物距-像距法求焦距

当实物经凸透镜成实像于白屏上时，通过测定 s、s'，利用式（4-22-1）即可求出凸透镜的焦距 f'。

若 $-s \to -\infty$，则 $s' \to f'$。也就是说，可把远处的物体作为物，经凸透镜成像后，凸透镜光心到像平面的距离就等于焦距。此法多用于粗略估测，误差较大。

2）用贝塞尔法（又称透镜二次成像法）求焦距

如图 4-22-2 所示，AB 为物，L 为待测凸透镜，H 为白屏，若物与屏之间的距离 $D>4f'$，且 D 保持不变，移动凸透镜，则必然在屏上两次成像，当物距为 s_1 时，得放大像；当物距为 s_2 时，得缩小像。凸透镜在两次成像之间的位移为 Δ，根据光线可逆性原理可得

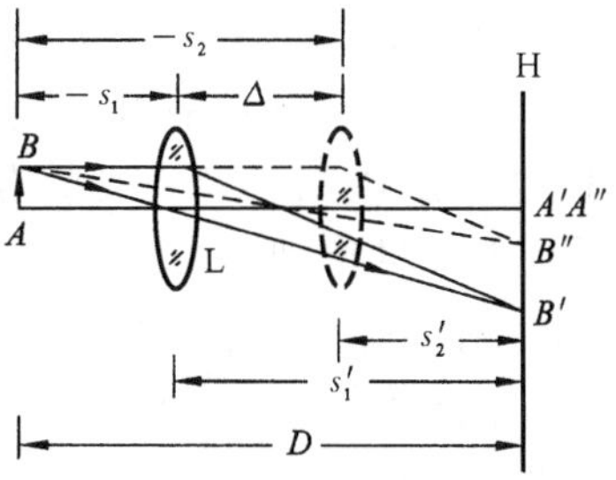

图 4-22-2

$$-s_1 = s_2'$$
$$-s_2 = s_1'$$

则

$$D - \Delta = -s_1 + s_2' = -2s_1 = 2s_2'$$

$$-s_1 = s_2' = \frac{D-\Delta}{2}$$

而

$$s_1' = D - (-s_1) = D - \frac{D-\Delta}{2} = \frac{D+\Delta}{2}$$

将此结果代入式（4-22-1）后整理得

$$f' = \frac{D^2 - \Delta^2}{4D} \tag{4-22-2}$$

式（4-22-2）表明，只要测出 Δ 和 D 值，就可算出 f'。由这种方法得到的焦距值较为准确，因为用这种方法可以不考虑透镜本身的厚度。

3）由自准直法求焦距

如图 4-22-3 所示，L 为待测凸透镜，平面反射镜 M 被置于透镜后方的一适当距离处。若物体 AB 正好位于透镜的前焦面处，那么物体上各点发出的光束经透镜折射后成为不同方向的平行光，然后被反射镜反射回来，再经透镜折射后，成一与原物大小相同的、倒立的实像 $A'B'$，且与原物在同一平面，即成像于该透镜的前焦面上，此时物与透镜间的距离就是透镜的焦距，其数值可直接由光具座导轨标尺读出，故此法迅速。这种方法通过调节实验装置本身使之产生平行光以达到调焦的目的，故称为自准直法。它不仅用于测透镜焦距，还常常用于光学仪器的调节，如平行光管的调节和分光计中望远镜的调节等。

2. 测凹透镜的焦距

1）用物距-像距法测凹透镜焦距

如图 4-22-4 所示，凸透镜 L_1 将实物 A 成像于 B，把被测凹透镜 L_2 插入 L_1 与像 B 之间，然后调整 L_2 与 B 的距离，使光线的会聚点向右移至 B'，即虚物 B（对 L_2 而言）经 L_2 成一实像

于 B'，测定物距 s、像距 s'，代入式(4-22-1)即可求出凹透镜的焦距 f'。

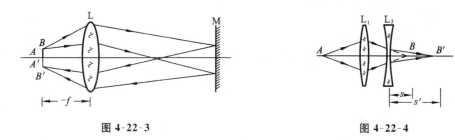

图 4-22-3　　　　　　　　　　　图 4-22-4

2) 用望远镜法测定凹透镜焦距

如果图 4-22-4 中的 B 点刚好处于凹透镜 L_2 的主焦点上,则 B' 点将移到无穷远处,即光线经 L_2 折射后,将变成平行光射出。此时,用望远镜(望远镜已预先聚焦到无穷远)观察,可清楚地看到 B 点的像,那么 B 点至 L_2 的距离即为凹透镜焦距 f'。

3. 光学元件的共轴调节

为了避免不必要的像差和读数准确,需要对光学系统进行共轴调节,使各透镜的光轴重合且与光具座的导轨严格平行,物面中心处在光轴上,并且物面、屏面垂直于光轴。此外,照明光束也应大体沿光轴方向。共轴调节的具体方法如下。

1) 粗调

把光源、物、透镜、白屏等元件放置于光具座上,并使它们尽量靠拢,用眼睛观察、调节各元件的上下、左右位置,使各元件的中心大致在与导轨平行的同一条直线上,并使物平面、透镜面和屏平面三者相互平行且垂直于光具座的导轨。

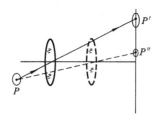

图 4-22-5

2) 细调

点亮光源,利用透镜二次成像法(见图 4-22-5)来判断是否共轴,并进一步调至共轴。

若物的中心偏离透镜的光轴,则移动透镜两次成像所得的大像和小像的中心将不重合,如图 4-22-5 所示。就垂直方向而言,如果大像的中心 P' 高于小像的中心 P'',说明此时透镜位置偏高(或物偏低),这时应将透镜降低(或将物升高)。如果 P' 低于 P'',则应将透镜升高(或将物降低)。

调节时,以小像中心为目标,调节透镜(或物)的上下位置,逐渐使大像中心 P' 靠近小像中心 P'',直至 P' 与 P'' 完全重合。同理,调节透镜的左右(即横向)位置,使 P' 与 P'' 两者中心重合。

如果系统中有两个以上的透镜,则应先调节只含一个透镜在内的系统共轴,然后加入另一个透镜,调节该透镜与原系统共轴(此时,是否还需要调节大、小像的中心重合?)。

【实验步骤】

(1) 将光源、物、待测透镜、白屏等放置于光具座上,调节各元件使之共轴。为了使物照明均匀,光源前应加毛玻璃。

(2) 用物距-像距法测凸透镜的焦距。改变白屏的位置,重复测量 5 次,求其平均值。

(3) 用贝塞尔法测凸透镜的焦距。固定物与白屏之间的距离(略大于 $4f$),往复移动透镜并仔细观察,至像清晰时读数,重复测量 5 次,求其平均值。

（4）用自准直法测凸透镜的焦距。取下白屏，换上平面反射镜，并使平面反射镜与系统共轴，移动透镜，改变物与透镜之间的距离，直到物屏上出现清晰的且与物等大的像为止，记下此时的物距，即为透镜的焦距。重复测量 5 次，求其平均值。

（5）用物距-像距法求凹透镜的焦距。

① 按图 4-22-4，使物经凸透镜 L_1 成一清晰像于 B 处的白屏上，记录此时屏的位置 x_1。

② 保持物与 L_1 之间的距离不变，在 L_1 与白屏之间插入凹透镜 L_2，调节 L_2 与系统共轴。然后移动 L_2 至靠近白屏的位置，再右移白屏至 B' 处找到清晰像。记录此时 L_2 的位置 x_0 及白屏的位置 x_2，由 x_1、x_2、x_0 的值计算 s、s'，代入式(4-22-1)求出凹透镜的焦距 f'。保持 L_1 不动，移动 L_2 至不同的位置，重复测量 5 次，求其平均值。

③ 取下白屏，换上望远镜，用望远镜法测凹透镜的焦距，重复测量 5 次，求其平均值。

【数据处理】

填写表 4-22-1 至表 4-22-3。

表 4-22-1 物距-像距法测凸透镜焦距数据表

测量序号 N	1	2	3	4	5	平均
物屏位置 x_A/cm						
透镜位置 x_0/cm						
像屏位置 $x_{A'}$/cm						
s/cm						
s'/cm						

表 4-22-2 贝塞尔法测凸透镜焦距数据表

物屏位置 $x_A = $ ＿＿＿＿ cm 像屏位置 $x_{A'} = $ ＿＿＿＿ cm $D = $ ＿＿＿＿ cm

测量序号 N	1	2	3	4	5	平均
透镜成大像位置 x_1/cm						
透镜成小像位置 x_2/cm						
$\Delta = |x_2 - x_1|$/cm						

表 4-22-3 物距-像距法测凹透镜焦距数据表

$x_1 = $ ＿＿＿＿ cm

测量序号 N	1	2	3	4	5	平均
x_0/cm						
x_2/cm						
$s = |x_1 - x_0|$/cm						
$s' = |x_2 - x_0|$/cm						

【思考题】

1. 已知一凸透镜的焦距为 f，要用此透镜成一物体放大的像，物体应放在离透镜中心多远的地方？成缩小的像时，物体又应放在多远的地方？

2. 为什么实验中要用白屏作像屏？可否用黑屏、透明平玻璃屏、毛玻璃屏？为什么？

3. 为什么在光源前加毛玻璃？为什么用单色光更好些？

4. 用贝塞尔法测凸透镜焦距时，为什么 D 应略大于 $4f$？

【习题】

1. 为什么要调节光学系统共轴？调节共轴有哪些要求？怎样调节？

2. 用自准直法能测量凹透镜的焦距吗？若能，请画出原理光路图。

3. 如果凸透镜的焦距大于光具座的长度，试设计一个实验，在光具座上测定它的焦距。

实验二十三　分光计的调节和使用

光的反射定律和折射定律定量描述了光线在传播过程中发生偏折时，角度间的相互关系。同时，光在传播过程中的衍射、散射等物理现象也都与角度有关，一些光学量，如折射率、光波波长、色散率等都可通过直接测量有关的角度去确定。因此，精确测量光线偏折的角度是光学实验技术的重要内容之一。

分光计是一种能精确测量角度的基本光学仪器，常用来测量折射率、光波波长、色散率和观测光谱等。分光计的基本部件和调节原理与其他更复杂的光学仪器（如单色仪、摄谱仪等）有许多相似之处，学习和使用分光计也可为今后使用精密光学仪器打下良好的基础。分光计装置较精密，结构较复杂，调节要求也较高，对初学者来说会有一定的难度，但只要注意了解其基本结构，明确调节要求，实验过程中注意观察现象，并运用已有的理论知识去分析、指导操作，定能较好地达到要求。

【实验目的】

（1）了解分光计的结构和工作原理。

（2）掌握分光计的调节要求和调节方法。

（3）用分光计测定棱镜顶角和棱镜玻璃的折射率。

【实验仪器】

分光计、平行平面反射镜、玻璃三棱镜、汞灯。

【仪器描述】

测量光线的偏折角，实际上是确定光线的传播方位。只有平行光才具有确定的方位，也只有调焦于无穷远的望远镜才能判定平行光的传播方位。因此，分光计应包括产生平行光的平行光管、望远镜和刻度盘三个主要部分。为了减小测量误差，保证测角精度，应调节分光计有关部件，使入射光线和出射光线所组成的平面平行于刻度盘平面。这就是分光计结构和调节的物理基础。

实验室中常用的 JJY 型分光计的外形结构如图 4-23-1 所示。它主要由 5 个部件组成：底座、平行光管、望远镜、刻度盘和载物台。

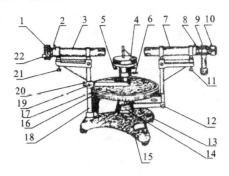

图 4-23-1

1—狭缝;2—狭缝套筒锁紧螺钉;3—平行光管;4—载物台;5—载物台水平调节螺钉(3 只);6—载物台锁紧螺钉;7—望远镜;
8—目镜套筒锁紧螺钉;9—阿贝式自准直目镜;10—目镜视度调节圈;11—望远镜水平调节螺钉;12—望远镜转动微调螺钉;
13—刻度盘制动螺钉;14—望远镜制动螺钉;15—底座;16—刻度盘;17—游标盘;18—立柱;19—游标盘转动微调螺钉;
20—游标盘制动螺钉;21—平行光管水平调节螺钉;22—狭缝宽度调节螺钉

1. 底座

底座 15 中央有一固定轴——主轴,刻度盘和游标盘套在主轴上,可绕主轴转动,载物台套在主轴上端,可以升降。

2. 平行光管

平行光管 3 是用来产生平行光的。它的一端装有消色差物镜,另一端装有狭缝套筒,调节螺钉 22 可改变狭缝的宽度,狭缝套筒可沿光轴移动和转动,当狭缝正好移动到物镜的第一焦面上时,由狭缝入射的光经物镜后出射平行光束。调节螺钉 21 可改变平行光管的倾斜度,整个平行光管通过立柱 18 固定在仪器基座上。

3. 自准直望远镜

望远镜 7 是用来确定平行光方位的。它主要由消色差物镜和阿贝式自准直目镜组成,具体结构如图4-23-2所示。物镜装在镜筒的一端,目镜装在另一端的套筒中,目镜套筒可沿光轴前后移动,以便将望远镜调焦于无穷远,即目镜分划板准确位于物镜焦平面上。

阿贝式自准直目镜是一个复合目镜,由场镜和接目镜组成。在它的焦平面附近装有分划板,分划板的形状如图 4-23-3 所示。旋转目镜视度调节圈可改变目镜和分划板刻线的相对位置,以适应不同观察者的眼睛焦距的差异。在分划板旁有一刻有透光十字窗的小棱镜,光线由小孔进入小棱镜中,将绿色十字窗投射出去,自准直望远镜的反射像为一绿色小十字。

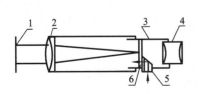

图 4-23-2

1—反射镜;2—物镜;3—目镜套筒;
4—目镜;5—全反射棱镜;6—分划板

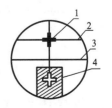

图 4-23-3

1—十字反射像;2—叉丝 G;
3—叉丝 H;4—绿色十字窗

调节螺钉 11 可改变望远镜的倾斜度,使其光轴与仪器主轴垂直。望远镜通过支架又与刻度盘相连,松开制动螺钉 13 时,望远镜和刻度盘可以相对转动,旋紧制动螺钉 13 时,望远镜和刻度盘一起绕仪器主轴转动。固定螺钉 13 和 14,调节螺钉 12 可对望远镜进行转动微调。

4. 载物台

载物台 4 是一个用来放置棱镜、光栅等光学元件的平台。载物台套在游标盘上,可绕主轴转动。旋紧螺钉 6 和 20,调节螺钉 19,还可对载物台进行转动微调。放松螺钉 6,载物台可根据需要单独旋转、升降,调到所需位置后,再把螺钉 6 旋紧。载物台上有夹持待测物的弹簧片,载物台下有三个水平调节螺钉,用以调节载物台的倾斜度。

5. 刻度盘与游标盘

套在主轴上的刻度盘和游标盘为分光计的读数装置。

1) 角游标的读数

JJY 型分光计刻度盘一周为 360°,刻有 720 等分的刻线,最小分格值为 30′。游标盘上相隔 180° 处有两个游标读数刻度,它们各有 30 个分格对应于刻度盘上的 29 个分格值。因此,通过游标能读出 1′ 的角值。读数方法是:按游标原理读数,以游标零线为准,在刻度盘上读出度数和分值,再找游标盘上刚好和刻度盘刻线对齐的那条线,得到分值,然后二者相加。读数示例如图 4-23-4 所示,刻度盘上读数为 139°30′,游标上刻线"14"与刻度盘刻线重合,故读数为 139°44′。

2) 消偏心差

为了提高读数精度,每次读数都必须读取两个游标刻度所指示的角度值,然后求平均数,目的是消除由刻度盘刻划中心 O 与其旋转中心 O'(即仪器主轴)不重合所引起的偏心差。如图 4-23-5 所示,望远镜实际转角为 φ,由于偏心从刻度盘上读出的角度是 φ_1 和 φ_2,由几何关系可得

$$\varphi = \frac{1}{2}(\varphi_1 + \varphi_2)$$

即

$$\varphi = \frac{1}{2}(|\theta_1' - \theta_1| + |\theta_2' - \theta_2|) \tag{4-23-1}$$

式中,θ_1、θ_2 分别是望远镜初始位置的游标"1"和游标"2"的读数,θ_1'、θ_2' 分别是望远镜转过 φ 角后游标"1"和游标"2"的读数。

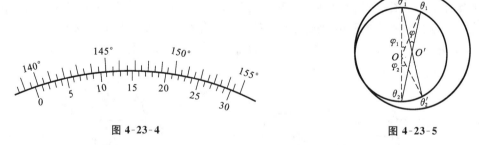

图 4-23-4　　　　　　　　　　　　　　　　图 4-23-5

一、分光计的调节与三棱镜顶角的测定

【实验原理】

测量三棱镜顶角常采用自准直法和反射法。

1. 自准直法

如图 4-23-6 所示,用△ABC 表示三棱镜的主截面,两光学面 AB 和 AC 称为折射面,两折射面之间的夹角 A 称为三棱镜的顶角(即棱镜角),BC 面为毛玻璃面,称为底面。

利用望远镜自身产生的平行光束和自准直法测出三棱镜两折射面法线之间的夹角 φ,由图中的几何关系就可算出顶角 $A=180°-\varphi$,即

$$A=180°-\frac{1}{2}(|\theta'_1-\theta_1|+|\theta'_2-\theta_2|) \tag{4-23-2}$$

2. 反射法

如图 4-23-7 所示,由平行光管出射的平行光束被三棱镜的两个折射面分成两部分,图中 i_1、i_2 分别为入射光线与两个折射面的夹角。设两反射光线的夹角为 φ,由几何关系可得

$$A=\frac{\varphi}{2} \tag{4-23-3}$$

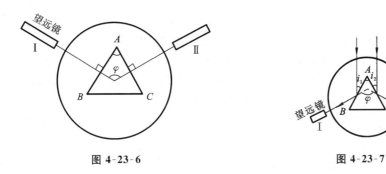

| 图 4-23-6 | 图 4-23-7 |

实验时,用已聚焦于无穷远的望远镜来确定反射光线的方位,从而测出 φ 角,求出顶角 A。注意:放置三棱镜时,应使三棱镜顶角 A 靠近载物台中心,否则,反射光不能进入望远镜中。

【实验步骤】

1. 分光计的调节

测量前,分光计必须经过仔细调节,达到下述状态。

(1)平行光管发出平行光束,望远镜聚焦于无穷远。

(2)平行光管和望远镜的光轴均垂直于仪器主轴,即平行于刻度盘。

调节步骤如下。

(1)通过目视估计,将载物台、望远镜和平行光管的光轴尽量调至水平状态。

(2)用自准直法将望远镜调焦于无穷远。

① 通过电源变压器(6 V/220 V)点亮目镜小灯。调节目镜与叉丝间的距离,使眼睛能清楚地看到十字叉丝。

② 为了方便调节,将平行平面反射镜 M(见图 4-23-8)放置于载物台上,使它位于任意两水平调节螺钉(如 a_2、a_3)的中垂线上。将望远镜正对平行平面反射镜,通过望远镜观察由平行平面反射镜反射回来的绿色小十字像。若观察不到,则应改变望远镜及载物台的倾斜度,找到反射像(也可在望远镜筒外用眼睛直接从平行平面反射镜内观察,判断反射像偏离望远镜光轴的情况,并加以纠正)。当通过望远镜观察到十字反射像后

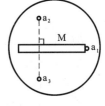

图 4-23-8

（此时反射像一般不清晰），再放松目镜套筒锁紧螺钉，前后移动目镜套筒，对望远镜进行调焦，使反射像清晰且与叉丝无视差。此时叉丝平面已处于物镜的第二焦平面上，即望远镜已调焦于无穷远。

（3）用半近调节法调节望远镜光轴，使其与仪器主轴垂直。

① 转动载物台，依次使反射镜的两个镜面正对望远镜，通过望远镜观察由两个面反射回来的十字像。若只观察到一个面的反射像，则需要进一步调节望远镜的水平调节螺钉或载物台下的水平调节螺钉，直到两个面反射的十字像都在望远镜视场中。

② 转动载物台，依次观察两个十字反射像在望远镜视场中的位置，采用半近调节法调节：从两个反射像中找出偏离叉丝上方横线（如图 4-23-3 中的叉丝 G）最大的那一个，先调节望远镜的水平调节螺钉，使反射像与叉丝 G 之间的上下距离减小一半，再调节载物台下的螺钉 a_2（或 a_3），使十字像与叉丝 G 重合（见图 4-23-3）。然后将载物台旋转 180°，使平行平面反射镜另一面正对望远镜，用同样的方法调节望远镜倾斜度和螺钉 a_3（或 a_2），使十字像与叉丝 G 重合。如此反复几次，直至平行平面反射镜旋转 180° 前后的十字反射像均与叉丝 G 完全重合，此时望远镜的光轴已垂直于仪器的主轴了（此后不得再调动望远镜的水平调节螺钉）。

（4）调节平行光管，使其发出平行光束，并使其光轴与仪器主轴垂直。

① 用光源照明平行光管的狭缝，转动已调焦于无穷远的望远镜，使它接收到由平行光管射出的光束，然后放松狭缝套筒锁紧螺钉，使狭缝套筒前后移动，以改变狭缝与物镜之间的距离，直到从望远镜中能观察到清晰的狭缝像并使它与叉丝无视差为止。此时狭缝位于物镜的前焦面上，平行光管发出平行光束。

② 转动狭缝套筒，使狭缝呈水平状态。再调节平行光管的倾斜度，使狭缝像与望远镜中的叉丝中心横线（如图 4-23-3 中叉丝 H）重合，然后将狭缝转到垂直位置，使狭缝像与叉丝竖线平行，此时平行光管光轴与望远镜光轴重合，即与仪器主轴垂直。最后将狭缝宽度调至约 1 mm，并随即固定狭缝筒锁紧螺钉。

至此，分光计已调节完毕，在测量过程中不得破坏，否则将前功尽弃。

2. 测定三棱镜顶角

（1）调节三棱镜，使其主截面垂直于分光计主轴。

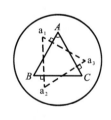

图 4-23-9

将待测三棱镜放置在已调好的分光计载物台上。为了利于调节，应使其三边相应垂直于载物台下三个螺钉的连线，如图 4-23-9 所示。借助于调好的望远镜，用自准直法调节三棱镜主截面的位置：先目测调节螺钉 a_1、a_2 和 a_3，尽量使载物台水平；然后转动载物台，使 AB 面正对望远镜，仅调 a_1 使 AB 面反射的十字像与叉丝 G 重合，也就是使 AB 面垂直于望远镜的光轴；再转动载物台使 AC 面正对望远镜，仅调 a_3 使 AC 面垂直于望远镜的光轴。如此反复几次，直到两光学面（和顶角 A 相关的两侧面）反射回来的十字像都与叉丝 G 完全重合为止。这样三棱镜的光学面 AB 和 AC 都与仪器主轴平行，因而三棱镜的主截面与仪器主轴垂直。

（2）测顶角 A。

① 自准直法。如图 4-23-6 所示，固定载物台（与游标盘相连），转动望远镜（与刻度盘相连），使 AB 面反射回来的十字像与叉丝 G 完全重合（见图 4-23-3），记录两游标的读数 θ_1、θ_2；然后转动望远镜，使 AC 面反射的十字像与叉丝 G 完全重合，记录两游标的读数 θ_1'、θ_2'，利用式

(4-23-2)计算 A 角。

重复测量三次,求出 A 角的平均值。测量时,也可固定望远镜,转动载物台。

② 反射法。如图 4-23-7 所示,自行设计实验步骤,测量两反射光线之间的夹角 φ,利用式(4-23-3)计算顶角 A。

重复测量三次,求出 A 角的平均值,并与自准直法测得的结果进行比较。

二、用最小偏向角法测棱镜玻璃的折射率和色散曲线

【实验原理】

棱镜玻璃的折射率,可用测定最小偏向角的方法求得。如图 4-23-10 所示,$\triangle ABC$ 是三棱镜的主截面,波长为 λ 的光线以入射角 i_1 投射到三棱镜 AB 面上,经 AB 和 AC 两个面折射后以 i_1' 角从 AC 面出射,出射光线与入射光线的夹角 δ 称为偏向角。δ 的大小随入射角 i_1 而改变。在入射光线和出射光线处于光路对称的情况下,即当 $i_1 = i_1'$ 时,偏向角有极小值,记为 $\delta_{\min}$。可以证明,棱镜玻璃的折射率 n 由下式给出:

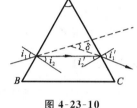

图 4-23-10

$$n = \frac{\sin \dfrac{A + \delta_{\min}}{2}}{\sin \dfrac{A}{2}} \qquad (4\text{-}23\text{-}4)$$

式中,A 是三棱镜顶角,$\delta_{\min}$ 称为最小偏向角。

若入射光为非单色光,则经棱镜折射后,不同波长的光将产生不同的偏向而被分散开来,这就是色散现象。因此,最小偏向角 $\delta_{\min}$ 与入射光的波长有关,折射率也随波长不同而变化。折射率 n 与波长 λ 之间的关系曲线称为色散曲线。实验时,只要测出 A 和 $\delta_{\min}(\lambda)$,由式(4-23-4)计算相应的折射率 $n(\lambda)$ 值,就可作出该棱镜材料的色散曲线。

本实验以高压汞灯为光源,各谱线的波长可查阅有关资料。

【实验步骤】

(1) 调节分光计到使用状态(如状态未破坏,可不再重新调节)。

(2) 调节三棱镜的主截面,使其与分光计的主轴垂直。为了下面的测量需要,宜将载物台放低些。

(3) 测定最小偏向角 $\delta_{\min}$。

① 确定出射光线的方位。

用高压汞灯照亮平行光管狭缝,将载物台与游标盘固定在一起,将望远镜与刻度盘固定在一起。转动游标盘,使三棱镜处于图 4-23-11 所示的位置,先用眼睛沿着三棱镜出射光方向寻找经三棱镜折射后的狭缝像,找到后将望远镜移至眼睛所在的位置,此时可在望远镜中观察到高压汞灯经三棱镜 AB 和 AC 面折射后形成的光谱(即按不同波长依次排列的狭缝的单色像)。

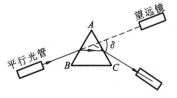

图 4-23-11

将望远镜对准其中的某一条谱线(如绿色谱线 $\lambda = 546.1$ nm),慢慢转动游标盘,以改变入射角 i_1,使绿色谱线往偏向角

减小的方向移动,同时转动望远镜跟踪谱线,直到载物台继续沿原方向转动时,绿色谱线不再向前移动反而向相反方向移动(偏向角反而增大)为止。这条谱线移动的反向转折位置就是三棱镜对该谱线的最小偏向角的位置。然后将望远镜的叉丝竖线大致对准绿色谱线,固定望远镜,微调游标盘,找出绿色谱线反向转折的确切位置。最后固定游标盘,转动望远镜,使其叉丝竖线与绿色谱线中心对准,记下两游标的读数 θ_1、θ_2。

② 确定入射光线的方位。

不取下三棱镜(因为一开始已将载物台调得较低,所以由平行光管出射的光束中的一小部分可通过棱镜上方直接进入望远镜中),仍使游标盘固定,转动望远镜,使其直接对准平行光管,使其叉丝竖线对准狭缝中心,记下此时两游标的读数 θ_1'、θ_2',则

$$\delta_{\min}=\frac{1}{2}(|\theta_1'-\theta_1|+|\theta_2'-\theta_2|) \tag{4-23-5}$$

即为绿色谱线所对应的最小偏向角。

③ 重复步骤①、②测量三次,计算 $\bar{\delta}_{\min}$。

(4)测定高压汞灯其他几条谱线对应的最小偏向角 $\bar{\delta}_{\min}(\lambda)$。

【数据处理】

(1)由式(4-23-4)推导出折射率 n 的不确定度 u_n 的表达式,并根据仪器的测量精度(分光计的读数误差可取它的分度值 $1'$)估计出 u_A 和 u_δ,并代入估计出 u_n,据此决定 n 应取几位有效数字。

(2)计算三棱镜材料对各波长的折射率 $n(\lambda)$,并画出色散曲线。

【数据记录】

将实验数据记入表 4-23-1 中。

表 4-23-1

三棱镜编号_____　　　$A=$_____

汞谱线波长/nm	测量序号	出射光线方位读数		入射光线方位读数		$\delta_{\min}=\frac{1}{2}(|\theta_1'-\theta_1|+|\theta_2'-\theta_2|)$	$\bar{\delta}_{\min}$	n
		θ_1	θ_2	θ_1'	θ_2'			
435.8	1							
	2							
	3							
496.0	1							
	2							
	3							
546.1	1							
	2							
	3							
577.0	1							
	2							
	3							

续表

汞谱线波长/nm	测量序号	出射光线方位读数		入射光线方位读数		$\delta_{\min}=\dfrac{1}{2}(\mid\theta'_1-\theta_1\mid+\mid\theta'_2-\theta_2\mid)$	$\bar{\delta}_{\min}$	n
		θ_1	θ_2	θ'_1	θ'_2			
579.0	1							
	2							
	3							
623.5	1							
	2							
	3							

【思考题】

1. 已调好的分光计应处于何种状态？为什么要处于这种状态？

2. 调节光学仪器的一般要领是先粗调后细调,本实验中分光计的调节是如何体现这一要领的？

3. 用自准直法将望远镜调焦到无穷远的主要步骤是什么？用什么方法判断望远镜已调焦于无穷远？

4. 借助平行平面反射镜调节望远镜的光轴使其与分光计的主轴垂直时,为什么要旋转载物台 180°使平行平面反射镜两镜面的十字反射像均与目镜叉丝 G 重合？只调一面行吗？

5. 读取两游标读数为什么能消除仪器的偏心差？计算角度时,应特别注意什么？

6. 分光计既然已调好,测顶角 A 时,为什么还要调节三棱镜的主截面使其垂直于仪器的主轴？

7. 对同一种材料来说,红光和紫光哪个的折射率小？哪个的偏向角小？当转动三棱镜找最小偏向角时,应使谱线向着红光移动,还是向着紫光移动？

【习题】

1. 调节望远镜的光轴使其与仪器的主轴垂直时,在载物台旋转 180°前后,由平行平面反射镜两镜面依次反射回来的十字像处于下列情况：

（1）一个位于叉丝 G 的上方,另一个位于它的下方,且两者与叉丝的距离相等；

（2）两个十字像均位于视场同一位置但又不与叉丝 G 重合。

试问,在这两种情况下,望远镜光轴与仪器主轴是否垂直？平行平面反射镜的镜面法线与仪器的主轴是否垂直？若要使两个十字像均与叉丝 G 重合,该如何调节？

2. 转动望远镜时,如果一游标由 θ_1 转到 θ'_1,中间经过了刻度盘中 0°(360°),那么该如何利用式(4-23-1)计算 φ 值？

3. 一束非单色平行光以某一角度入射到三棱镜上,若出射光束某一谱线处于最小偏向角的位置,此时其他谱线是否也处于最小偏向角的位置？为什么？实验中可否先测出入射光线的方位(θ'_1,θ'_2),然后分别测出各条谱线的出射光线的方位(θ_1,θ_2)？为什么？

4. 根据所测数据和有关公式自编程序,上机操作并打印色散曲线。

实验二十四　等厚干涉现象与应用

【实验目的】

（1）观察等厚干涉现象，加深对光的波动性的理解。

（2）用牛顿环测定透镜球面的曲率半径。

（3）用劈尖干涉法测量微小厚度。

【实验仪器】

读数显微镜、平凸透镜及平面玻璃板（或"牛顿环仪"）、平面玻璃板（两块）、钠光灯。

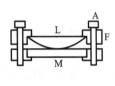

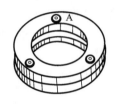

1. 牛顿环仪

牛顿环仪是由一曲率半径很大的平凸透镜（凸面曲率半径为 1.5～7 m）L 和一块平面玻璃板 M 接触在一起组成的，外面用金属框架 F 固定（见图4-24-1）。框架边上有三个螺钉 A，用以调节 L 和 M 之间接触点的位置。调节 A 时不可旋得过紧，以免接触压力过大引起透镜弹性变形，甚至损坏透镜。

图 4-24-1

2. 读数显微镜

本实验所用的读数显微镜如图 4-24-2 所示。在显微镜物镜下面装有一个 45°透光反射镜，它可以将光线反射到平台上。转动调焦旋钮可以使显微镜筒上下移动，达到调焦目的。旋转测微鼓轮一周，可使显微镜平移 1 mm。测微鼓轮周边等分为 100 小格，因此测微鼓轮转过 1 小格，显微镜相应平移 0.01 mm，读数可估计到 0.001 mm。

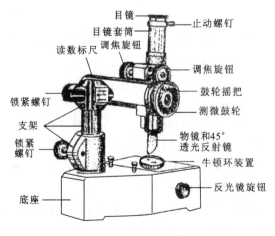

图 4-24-2

一、用牛顿环测定透镜的曲率半径

【实验原理】

如图 4-24-3 所示,当平凸透镜曲率很小的凸面与一平面玻璃板的光学面相接触时,二者间形成一空气薄层(即空气膜),它的厚度由中心接触点向四周逐渐增加。若以波长为 λ 的单色光垂直入射,入射光将在空气膜上、下两表面反射,产生具有一定光程差的两束相干光,从而在空气膜表面附近产生等厚干涉条纹。从反射光方向观察,该等厚干涉条纹是一组以接触点为中心的亮暗交替的同心圆环,且中心是一暗斑。此干涉图样称为牛顿环。在实验应用中,常用它来测量透镜的曲率半径。若已知透镜的曲率半径,牛顿环也可用来测定光波波长。

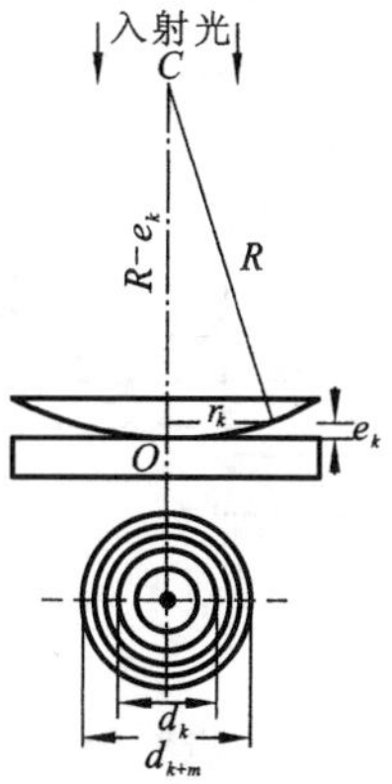

设离接触点 O 任一距离 r_k 处的空气膜厚 e_k,则空气膜该处上、下表面反射光所产生的光程差为

$$\Delta = 2e_k + \frac{\lambda}{2} \qquad (4\text{-}24\text{-}1)$$

式中,$\lambda/2$ 的附加光程差是因为光从平面玻璃板上反射时相位有 $180°$ 的变化。

令 R 为透镜凸面的曲率半径,由图 4-24-3 中的几何关系可得

$$R^2 = (R-e_k)^2 + r_k^2 = R^2 - 2Re_k + e_k^2 + r_k^2$$

因 $R \gg e_k$,故 e_k^2 可忽略,得

$$e_k = \frac{r_k^2}{2R} \qquad (4\text{-}24\text{-}2)$$

第 k 级暗环的形成取决于

$$\Delta = (2k+1)\frac{\lambda}{2} \qquad (k=0,1,2,\cdots) \qquad (4\text{-}24\text{-}3)$$

由式(4-24-1)、式(4-24-2)和式(4-24-3)可得

$$r_k^2 = kR\lambda \qquad (4\text{-}24\text{-}4)$$

若已知 λ,只要由实验测量出第 k 级干涉暗环的半径 r_k,就可由式(4-24-4)算出待测球面的曲率半径 R。但由于平凸透镜和平面玻璃板的接触处附有尘埃而未能接触或接触时受力产生了形变,故接触处不可能是一个几何点,而是一个圆斑,以致难以判定干涉环的中心和级次,因此要利用式(4-24-4)来测定 R 实际上是不可能的。在实际测量中,常常将式(4-24-4)变为如下形式:

$$R = \frac{d_{k+m}^2 - d_k^2}{4m\lambda} \qquad (4\text{-}24\text{-}5)$$

式中,d_{k+m} 和 d_k 分别为第 $k+m$ 级和第 k 级暗环的直径。

由式(4-24-5)可知,只需要数出所测各环的环序差 m,而无须确定各环的级数。此外,为了减小测量误差,应选取距中心较远的、比较清晰的两个环来测量,且 m 值取得大些。这样将成倍地减小读数显微镜测量叉丝与干涉条纹对准时产生的定位误差,提高测量的精度。

图 4-24-3

【实验步骤】

(1) 调节牛顿环仪的三个螺钉,在室内自然光下观察等厚干涉条纹,使条纹呈圆环形,并位于透镜中心,中心应是圆暗斑。

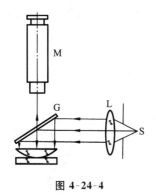

图 4-24-4

(2) 实验装置如图 4-24-4 所示。让钠光 S 经会聚透镜 L 变成平行光(亦可直接使用扩展光源)入射到玻璃片 G 上,使一部分光由 G 反射后垂直入射到牛顿环仪上。调节 G 的高低及方位(约与水平方向成 45°角)和钠灯的位置,使显微镜视场中亮度大而均匀。

(3) 调节读数显微镜 M 的目镜,使目镜视场中十字叉丝最清晰,然后上、下移动镜筒,对空气膜的上表面进行调焦,以找到清晰的干涉圆环。

(4) 测量前还应调节读数显微镜十字叉丝竖线,使其与镜筒的移动方向垂直(亦即十字叉丝横线与显微镜的主尺方向平行,如何调节,请读者思考)。

(5) 调节显微镜并调节牛顿环仪的位置,使叉丝交点与干涉圆环的中心重合,然后使叉丝的交点由中心向右移到干涉圆环的较外层,再反转向左越过中心到较外层,观察整个视场中等厚干涉条纹的清晰度,以选择干涉圆环合适的测量范围。

(6) 测量。取 $m=10$,并选相继 5 组直径的平方差(d_k^2),然后求其平均值。具体方法是:如果选择的测量范围为距中心的第 11 个暗环到第 25 个暗环,则转动显微镜的测微螺旋,使镜筒向左(或向右)移动到叉丝交点对准第 30 环,再反转使叉丝竖线依次与第 25,24,…,21 及第 15,14,…至第 11 个暗环相切,并逐次记下相应的读数 $x_{25}, x_{24}, \cdots, x_{21}; x_{15}, x_{14}, \cdots, x_{11}$;再将镜筒继续按原方向移动,使叉丝竖线越过中心暗斑,与另一方的第 11,12,…,15 及第 21,22,…至第 25 个暗环相切,记下相应的读数 $x_{11}', x_{12}', \cdots, x_{15}'; x_{21}', x_{22}', \cdots, x_{25}'$;再将同一暗环的两次读数相减算出各环的直径 $d_{11}、d_{12}、d_{13}、d_{14}、d_{15}$ 及 $d_{21}、d_{22}、d_{23}、d_{24}、d_{25}$。测量时要注意干涉圆环的序数不能数错。

(7) 用逐差法处理数据。用逐差法可求得 5 个($d_{k+10}^2 - d_k^2$)的值,即 $d_{25}^2 - d_{15}^2, d_{24}^2 - d_{14}^2, \cdots, d_{21}^2 - d_{11}^2$。取它们的平均值,利用式(4-24-5)计算透镜凸面的曲率半径。

【数据表格】

本实验数据表格如表 4-24-1 所示。

表 4-24-1

$\lambda = 589.3$ nm

环序 k	显微镜读数/mm		直径 d_k/mm	d_k^2/mm^2	$d_{k+m}^2 - d_k^2$/mm^2
	x_k	x_k'	$x_k - x_k'$		
25					
24					
23					
22					

续表

环序 k	显微镜读数/mm		直径 d_k/mm	d_k^2/mm²	$d_{k+m}^2 - d_k^2$/mm²
	x_k	x_k'	$x_k - x_k'$		
21					
15					
14					
13					
12					
11					

二、用劈形膜(劈尖)形成的干涉条纹测量细丝的直径(或薄片的厚度)

【实验原理】

用劈形膜形成的干涉条纹可直接用于测量细丝的直径,也可用来测量诸如纸、云母片之类的厚度。

如图 4-24-5 所示,将待测细丝(或薄片)放在两块平行平面玻璃板的一端,则在两板间形成一劈尖形空气薄层(即空气膜)。由于劈尖上下表面均为平面,所以干涉图样为一组等间距的直线状等厚干涉条纹,且条纹平行于两板另一端的交线。

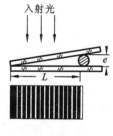

图 4-24-5

设单色光的波长为 λ,细丝直径为 e,则由式(4-24-1)和式(4-24-3)可得

$$e = k \cdot \frac{\lambda}{2} \quad (k=0,1,2,\cdots) \quad (4\text{-}24\text{-}6)$$

式中,k 为空气膜厚为 e 处所对应的干涉条纹级数。

一般来说 k 值较大,且等厚干涉条纹细密,直接数出等厚干涉条纹数 k 难免出现差错,因此可先测出 n(如 n 为 30)个等厚干涉条纹的距离 l,得出单位长度内的等厚干涉条纹数 $n_0 = n/l$,再测出细丝与两平行平面玻璃板接触端的距离 L,则总的干涉条纹数 $k = n_0 L$,代入式(4-24-6)得细丝直径为

$$e = n_0 L \cdot \frac{\lambda}{2} \quad (4\text{-}24\text{-}7)$$

【实验步骤】

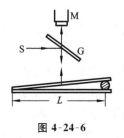

图 4-24-6

(1) 如图 4-24-6 所示,将待测细丝夹在两块平行平面玻璃板的一端,然后置于读数显微镜载物台上,使显微镜对劈尖表面调焦,以看到清晰的干涉条纹。

(2) 调节显微镜十字叉丝竖线,使其与显微镜主尺方向垂直。为了测量准确,还应使细丝与干涉条纹平行。然后,调整劈尖的位置,使等厚干涉条纹与十字叉丝竖线平行。

（3）测量：①若总的条纹数目不太多（100条左右），可直接数出总的条纹数 k，利用式(4-24-6)计算细丝的直径 $e(\lambda = 589.3 \text{ nm})$；②若 k 值较大，则先测出单位长度内的等厚干涉条纹数 n_0 和细丝至两玻璃板接触端的距离 L，由式(4-24-7)求出细丝直径 e。分别测量5次取平均值。

【习题】

1. 为什么实验中可用扩展光源代替平行光？这与等厚干涉产生的条件有无矛盾？对实验结果有无影响？

2. 用什么方法来判定待测面是平面还是球面？若是球面，又如何判定该球面是凸面还是凹面？

3. 用牛顿环测球面的曲率半径时：

（1）能否先测得某一干涉圆环的直径 d_k，然后用公式 $d_k^2 = 4kR\lambda$ 计算 R 值？为什么？

（2）能否用测量弦长来代替直径的测量？试作图说明。

4. 如果被测透镜是平凹透镜，能否用本实验的方法测定其凹面的曲率半径？试说明理由和推导出相应的公式。

5. 分析本实验中主要系统误差的来源。

实验二十五　迈克耳孙干涉仪

迈克耳孙干涉仪在近代物理和计量技术中有着广泛的应用。著名的迈克耳孙-莫雷"以太漂移"实验就是用该仪器完成的。迈克耳孙干涉仪还首次用于光谱线精细结构的研究和利用光的波长标定长度标准等工作，为物理学的发展做出了重大贡献，其基本结构和巧妙的设计思想为后人开发多种其他形式的干涉仪打下了基础。

【实验目的】

（1）了解迈克耳孙干涉仪的结构原理，掌握迈克耳孙干涉仪的调节方法。

（2）观察非定域干涉条纹、定域干涉条纹的特征，掌握其形成的条件。

（3）测量 He-Ne 激光波长。

（4）观察白光干涉条纹的特征，测量透明薄片的厚度。

【仪器原理与结构】

迈克耳孙干涉仪的原理光路图如图 4-25-1 所示，仪器结构如图 4-25-2 所示。从准单色光源 S 发出的光，被分束板 G_1 的后表面（镀有半反射膜）分成互相垂直的两束光，其中光束(1)经平面镜 M_1 反射后再次透过 G_1 沿 E 方向射出；光束(2)经平面镜 M_2 反射后再由 G_1 的半反射面反射也沿 E 方向射出。图 4-25-1 中的 M_2' 是平面镜 M_2 由分束板 G_1 半反射面形成的虚像。观察者在 E 处观察，不仅光束(1)是 M_1 方向射过来的，光束(2)好像也是从平面 M_2' 射过来的。因此干涉仪所产生的干涉条纹和由 M_1 与 M_2' 之间的空气薄膜所产生的干涉条纹是等效的。

G_2 为补偿板，其材料和厚度与 G_1 完全相同，且两者严格平行放置。它的作用是补偿光束

（2）的光程，以保证（1）和（2）两束光在玻璃中的光程对任何波长都相等，因此没有 G_2 是得不到白光干涉条纹的。

平面镜 M_2 是固定不动的。借助于粗调手轮 W_1 和微调鼓轮 W_2，可使 M_1 镜在精密导轨上前后移动，以改变两束光的光程差。M_1 镜的位置和移动的距离，可以从安装在导轨处的毫米标尺和连接粗调手轮 W_1 的读数窗口以及微调鼓轮 W_2 上的刻度读出。W_1 转动一周，M_1 镜可移动 1 mm，W_1 的最小读数为 0.01 mm；W_2 转动一周，M_1 镜可移动 0.01 mm，W_2 的最小读数为 1×10^{-4} mm。平面镜 M_1 和 M_2 的背后各有三个螺钉（图 4-25-2 中的 a_1、a_2、a_3 和 b_1、b_2、b_3），用来调节它们的方位。M_2 镜下端的一对互相垂直的拉簧螺钉 C_1 和 C_2 用来更精确地调节 M_2 的方位。

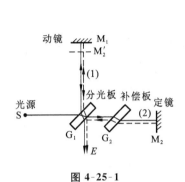

图 4-25-1

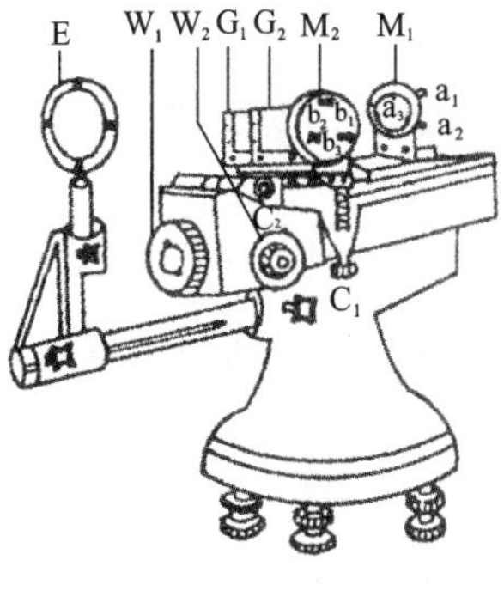

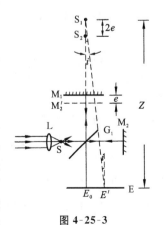

图 4-25-2

仪器的光学部件均显露在外部，要倍加爱护，不得用手触摸或擦拭任何光学表面，并要防尘、防振，调节时动作要缓慢。

一、非定域干涉现象的观察和 He-Ne 激光波长的测定

【实验仪器】

迈克耳孙干涉仪、He-Ne 激光器。

【实验原理】

如图 4-25-3 所示，经短焦距透镜 L 会聚后的激光束，可以认为是由一个很好的点光源 S 发出的光，S 发出的球面光波照明迈克耳孙干涉仪，经 G_1 分束及 M_1、M_2 反射后射向观察屏 E 的光，可以看成是由虚光源 S_1、S_2 发出的，其中 S_1 为 S 经 G_1 的半反射面及 M_1 反射所成的像，S_2 为经 M_2 及 G_1 的反射面反射后所成的像（等效于 S 经 G_1 及 M_2' 反射后成的像）。显然 S_1、S_2 是一对相干点光源，它们发出的球面波在其能相遇的空间里处处相干，即在这个空间里各处都能产生干涉条纹，故这种干涉现象称为非定域干涉。观察屏 E 上任一点 E' 的光强取决于 S_1 和 S_2 至该点的光程差，由于光程差相同点的光强相同，故干涉条纹是一组旋转双曲面与观察屏相交所形成的曲线，其旋转轴就是 S_1 和 S_2 的连线。当 E 与 S_1、S_2 连线垂直时，即能得到圆条纹，圆心为 S_1、S_2 连线与观察

图 4-25-3

屏的交点 E_0, E_0 处的光程差 $\Delta = 2e$。

当 $Z \gg 2e$，且 i 不太大时，可以证明观察屏上任意点的光程差为

$$\Delta = 2e\cos i \tag{4-25-1}$$

产生明暗条纹的条件是

明纹：

$$2e\cos i = k\lambda$$

暗纹：

$$2e\cos i = \left(k + \frac{1}{2}\right)\lambda \quad (k = 0, 1, 2, \cdots) \tag{4-25-2}$$

由以上条件可知：

(1) 当 e 一定时，$i = 0$ 对应的 Δ 最大，即圆心点对应的干涉级次最高。偏离圆心越远，干涉级次越低。

(2) 当 e 减小时，对于同一级干涉条纹（如 k 级），$\cos i$ 变大，i 变小，圆环逐渐缩小，因此可以看到条纹向内收缩而逐个消失在中心；e 增大，i 变大时，条纹从中心逐个冒出，并沿径向外移。每"冒出"或"缩进"一个圆环，相当于 S_1、S_2 间的距离改变了一个波长（λ），即 e 值改变了半个波长 $\left(\dfrac{\lambda}{2}\right)$。若 M_1 移动的距离为 δe，相应"冒出"或"缩进"的圆环数为 N 个，则

$$\lambda = \frac{2\Delta e}{N} \tag{4-25-3}$$

从干涉仪上读出 Δe 及数出相应的环数变化 N，就可以测出光的波长 λ。

(3) 可以证明，相邻两条纹的角间距 $\Delta i = \dfrac{\lambda}{2e\sin i}$，所以 e 越小，条纹间距越大，条纹越稀疏；e 越大，条纹间越小，条纹越密。当 e 一定时，i 越小，即越靠近中心，Δi 越大，条纹间距越大；反之，则条纹越密。

【实验步骤】

1. 观察非定域干涉现象

(1) 接通激光电源，待激光器正常工作后，将由光纤传输过来的 He-Ne 激光束对准定镜 M_2，射向 G_1 的中部。转动粗调手轮移动 M_1 镜，使 M_1、M_2 距 G_1 大致相等。

(2) 调节光点重合。去掉观察屏，视线对着 G_1 观察，可看到两排光点，每排光点中有一个最亮的，仔细调节 M_2（或 M_1）背面的螺钉，使两个最亮的光点上下左右慢慢靠近直至重合，其他光点也分别随之对应重合。

(3) 定性观察。装上观察屏，在观察屏上即可看到圆形干涉条纹。进一步调节 M_2 镜下面的两个垂直拉簧螺钉，使干涉圆环的中心位于视场中心附近。转动粗调手轮，使圆环干涉条纹疏密适当，定性观察干涉条纹的分布特点；转动粗调（或微调）鼓轮，使 M_1 镜缓慢移动，观察干涉条纹的变化，根据圆环的"冒出"或"缩进"现象，判断 M_1 与 M_2' 之间的距离 e 是变大还是减小，并观察条纹的粗细、疏密和 e 的关系，记录观察结果。

2. 测量 He-Ne 激光波长

(1) 熟悉读数方法。迈克耳孙干涉仪的测量精度很高，以 mm 为单位，可以读到小数点后第五位，即 ××.×××××mm。读数的整数部分从左边导轨刻度尺上读出（不估读）；读数小数点后的前二位，从正面窗口上读出（不估读）；读数小数点后的第三位到第五位，从右边的微调鼓轮上读出，其中第五位是估读的。

（2）读数系统零点校正。先把微调鼓轮零点对准,再把粗调手轮零点(或与某一刻度)对准即可。此后勿转动粗调手轮,否则将重新校正。(主尺不必对零。)

（3）测量数据。仔细转动微调鼓轮,使条纹处于"缩进"变化状态,当中心最里面的一条圆环暗纹缩为一暗斑时,开始记录读数 e;再向同一方向转动微调鼓轮,每当"缩进"50 个条纹,中心暗纹也刚好缩为一暗斑时,记录一次读数,直至"缩进"450 个条纹,读取 10 个 e 的值。参考表 4-25-1 记录数据。

表 4-25-1

环数	读数 x/mm	环数	读数 x/mm	$\Delta x(=\Delta e)$/mm
0		250		
50		300		
100		350		
150		400		
200		450		

注:$N=250$。

（4）用逐差法处理数据,计算 $\bar{\lambda}$,并与标准值 λ_0(632.8 nm)相比,计算 $\bar{\lambda}$ 的相对误差。

二、定域干涉现象的观察和透明薄片厚度的测量

【实验仪器】

迈克耳孙干涉仪、He-Ne 激光器(或钠光灯)、白炽灯、石英薄片、毛玻璃。

【实验原理】

实际光源的发光面都有一定的大小(不可能是个绝对的发光点),是一种扩展光源。本实验中经过发散的激光束再通过毛玻璃散射,即可视为一种扩展光源。扩展光源可看作是由无数多个不相干的点光源组成的。当照射干涉仪时,这些点光源在空间各自产生一套干涉图样,而且这些图样相互间有一定的位移。只有在叠加场的特定区域,那些干涉条纹恰好互相重合,才能形成实际的干涉条纹。这种只能在特定区域形成干涉条纹的干涉,称为定域干涉。

当扩展光源照射迈克耳孙干涉仪时,根据 M_1 与 M_2' 间平行与否,可产生等倾干涉条纹或等厚干涉条纹。

1. 等倾干涉条纹

如图 4-25-4 所示,假定 M_1 与 M_2' 间互相平行,现在考察从构成扩展光源的某一点光源发出的一条入射角为 i 的光线,假定经 M_1 与 M_2' 反射,分束为光线(1)、(2),而且互相平行。这两条光线由于是由同一条光线分束得来的,所以是相干的。计算它们之间的光程差 Δ 如下。

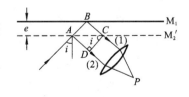

图 4-25-4

过 C 作 CD 垂直于光线(2),则

$$\Delta = AB + BC - AD = \frac{2e}{\cos i} - 2e \cdot \tan i \cdot \sin i = 2e\left(\frac{1}{\cos i} - \frac{\sin^2 i}{\cos i}\right) = 2e\cos i \qquad (4\text{-}25\text{-}4)$$

两反射线由于互相平行,只有在无穷远处才能相交和干涉。构成扩展光源的无数点光源

141

中,只有那些经反射后能产生互相平行的两条光线的部分才能发生干涉,而这种干涉只能发生在无穷远处。就是说,这种干涉的定域在无穷远处。

由式(4-25-4)可见,与点光源照射的式(4-25-1)结果一样,光程差只取决于入射角,不过在这里只有在无穷远处两光线才能相遇。如果用透镜把光束聚焦,则出射角相同的光线在透镜焦面上发生干涉,干涉条纹为圆环形。这种相同倾角的光所产生的干涉显然是等倾干涉。

考虑到其他倾角的光形成的干涉,干涉条纹是一组明暗相间的同心圆。如果不用透镜聚焦,而用眼睛直接观察,这些光线通过眼球聚焦在视网膜上,效果也是一样的。

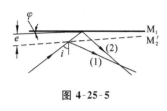

图 4-25-5

2. 等厚干涉条纹

当 M_1 和 M_2' 靠得很近,且相互间有一个很小的角度 φ 时,M_1 与 M_2' 之间为一楔形空气薄层,如图 4-25-5 所示。设某光线经两个面反射,得光线(1)和(2)。它们在镜面附近相交,产生干涉。扩展光源的无数光线,经反射后都会在镜面附近发生干涉,而在其他区域,所有光线互相叠加的结果只能得到均匀的光强,不可能产生干涉。所以,镜面附近就是这种干涉的定域。

用透镜成像,或用眼睛直接观察镜面附近,都可看到等厚干涉条纹。下面分析一下这种条纹的特征。

当 φ 很小时,如前所述,由一条入射光线反射出的光线(1)和(2)的光程差,可近似地表示为 $\Delta=2e\cos i$。其中 e 是观察点附近的空气薄层厚度,i 为入射角。由于两个反射面都是平面,e 相同的点在同一直线上,看到的应是直条纹。在 M_1 与 M_2' 相交处,$e=0$,再考虑到分束板表面反射时的半波损失,应为暗条纹,称中央条纹。当 i 角很小时,有 $\cos i \approx 1-\frac{1}{2}i^2$,$\Delta=2e\left(1-\frac{1}{2}i^2\right)$ $=2e-ei^2$。在中央条纹附近,等厚干涉条纹是一组平行于 M_1 与 M_2' 交线的明暗相间的直条纹。随着视角的增大,要保持同样的光程差,必须增大 e,条纹则逐渐弯曲,方向为凸向中央条纹即 M_1 与 M_2' 的交线。

3. 白光的等厚干涉

若用白光照明迈克耳孙干涉仪,则只能在光程差接近零处(即 M_1 与 M_2' 的交线处)出现白光干涉条纹。白光干涉中所有波长的中央条纹的中心是重合的,而邻近的条纹呈现明显的彩色分布,其光强分布曲线如图 4-25-6 所示。为简明起见,图 4-25-6 中只画出了两个不同波长的光强分布,实线代表较短波长光的强度分布,虚线代表较长波长光的强度分布。对于零级及其附近几级,可显示出明显的明暗彩色条纹;而对较高的干涉级次,各波长干涉叠加,使得光强分布的对比度减小,很快就看不到干涉条纹了,因而在整个干涉场中,只能看见几条彩色条纹。

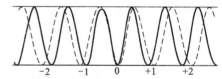

图 4-25-6

【实验步骤】

1. 观察定域干涉现象

调出非定域干涉圆条纹后,在激光束前靠近分束板 G_1 处插入毛玻璃,构成扩展光源(或用钠光光源)。

1) 观察等倾干涉条纹

用眼睛直接观察。进一步调节定镜 M_2 上的螺钉及微调螺钉,直至当眼睛上下、左右微微移动时,干涉圆环的大小不发生变化(即条纹直径不变,条纹既不缩进,也不冒出),仅是圆心位置随眼睛视线平移而已。此时,得到的就是等倾干涉条纹。改变光程差,观察条纹的变化,记录观察结果,并予以分析。

2) 观察等厚干涉条纹

用眼睛直接观察,移动 M_1 镜,使得等倾干涉条纹逐个向中心缩进,条纹变粗变疏。当视场中只剩下 1~2 个圆环时,再调节 M_2 镜的微调螺钉,使 M_1 与 M_2' 之间有很小的夹角,即可看到等厚干涉平行直条纹。

M_1 镜不动,改变 M_1 与 M_2' 之间的夹角,观察等厚干涉条纹的变化情况;把等厚干涉条纹的间距调至 2~3 mm,移动 M_1 镜,观察等厚干涉条纹从弯曲变直再变弯曲的现象,记录观察结果,并予以分析。

2. 观察白光干涉条纹,测量透明薄片的厚度

(1) 调出白光干涉条纹。移动 M_1 镜,当视场中的干涉条纹由弯快要变直时,换用白光源,使 M_1 继续按原方向非常缓慢地移动,直到视场中出现彩色条纹。彩色条纹的对称中心就是 M_1 和 M_2' 的交线,即此时干涉仪的两束光的光程相等。当彩色条纹的中心位于视场中心时,记录条纹的色彩、形状及 M_1 镜的位置 e_1。

(2) 将折射率为 n,厚度为 d 的均匀透明薄片(如云母片、透明玻璃薄片等)放入光路中,继续原方向移动 M_1 镜(转动微调鼓轮),重现彩色条纹,再使条纹中心位于视场中心,记下此时 M_1 镜的位置读数 e_2。插入薄片所增加的光程差为 $\Delta = 2d(n-1)$,M_1 镜移动了 $\Delta e = e_1 - e_2$,所以有

$$2\Delta e = 2d(n-1)$$

则
$$d = \frac{\Delta e}{n-1} \tag{4-25-5}$$

(3) 重复测量三次,计算 $\bar{d}$。

【习题】

1. 总结非定域干涉和定域干涉各自的特点。

2. 若 M_1 与 M_2' 平行,当 M_1 与 M_2' 逐渐接近时,干涉圆环将越来越粗越稀。试解释在零光程处观察到的现象。怎样判断 M_1 与 M_2' 重合、M_1 处于 M_2' 之前(M_2' 与 G_1 之间)还是其后?

3. 等倾干涉圆环的特点是什么?它与牛顿环有什么区别?

实验二十六　光的单缝衍射及光强分布的测定

【实验目的】

(1) 观察与分析单缝的夫琅禾费衍射。

(2) 用光电法测量单缝衍射光强的分布。

(3) 利用衍射的分布规律测定单缝的宽度。

【实验仪器】

光具座、半导体激光器、可调单缝(或固定单缝)、光探头(含狭缝光阑和硅光电池)、一维位移架、激光功率指示计。

【实验原理】

夫琅禾费衍射是平行光的衍射,即要求光源及接收屏到衍射屏的距离都是无限远(或相当于无限远)。在实验中,它可借助两个透镜来实现。如图4-26-1所示,位于透镜 L_1 的前焦面上的单色狭缝光源 S 发出的光,经 L_1 后变成平行光,垂直照射在单缝 D 上,通过 D 衍射后在透镜 L_2 的后焦面上呈现出单缝的衍射花样,它是一组平行于狭缝的明暗相间的条纹。与光轴平行

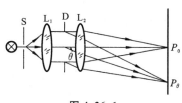

图 4-26-1

的衍射光束会聚于屏上 P_0 处,此处是中央亮纹的中心,其光强设为 I_0;与光轴成 θ 角的衍射光束则会聚于 P_θ 处。可以证明,P_θ 处的光强为 I_θ 为

$$I_\theta = I_0 \frac{\sin^2 u}{u^2}, \quad u = \frac{\pi a \sin\theta}{\lambda} \qquad (4\text{-}26\text{-}1)$$

式中,a 为狭缝宽度,λ 为单色光的波长。

由式(4-26-1)得到:

(1) 当 $u=0$(即 $\theta=0$)时,$I_\theta=I_0$,衍射光强有最大值。此光强对应于屏上 P_0 点,衍射光强有最大值的条纹称为主极大。I_0 的大小取决于光源的强度,并和缝宽 a 的平方成正比。

(2) 当 $u=k\pi(k=\pm1,\pm2,\pm3,\cdots)$,即 $a\sin\theta=k\lambda$ 时,$I_\theta=0$,衍射光强有极小值,对应于屏上的暗纹。由于 θ 值实际上很小,因此可近似地认为暗条纹所对应的衍射角为 $\theta\approx k\lambda/a$。显然,主极大两侧暗纹之间的角宽度 $\Delta\theta=2\lambda/a$,而其他相邻暗纹之间的角宽度 $\Delta\theta=\lambda/a$,即中央亮纹的宽度为其他亮纹宽度的两倍。

(3) 除中央主极大外,两相邻暗纹之间都有一个次极大,由式(4-26-1)可以求得这些次极大的位置出现在 $\sin\theta = \pm1.43\frac{\lambda}{a}, \pm2.46\frac{\lambda}{a}, \pm3.47\frac{\lambda}{a}, \pm4.48\frac{\lambda}{a}, \cdots$ 处;相对光强依次为 $\frac{I_\theta}{I_0}=0.047, 0.017, 0.008, 0.005, \cdots$。夫琅禾费单缝衍射光强分布曲线如图 4-26-2 所示。

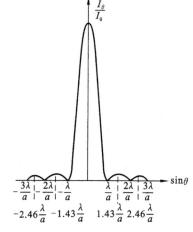

图 4-26-2

本实验使用半导体激光作光源,因为激光束具有良好的方向性,光束细锐,能量集中,加之一般衍射狭缝宽度 a 很小,故准直透镜 L_1 可省略不用;如果将观察屏放置在距离单缝较远处,则聚焦透镜 L_2 也可省略。实验中,使观察屏到单缝之间的距离为 1.5 m 左右,单缝的宽度 a 为 0.1~0.3 mm。

【实验装置】

图 4-26-3 所示是单缝衍射实验装置示意图。

本实验使用的衍射狭缝为固定宽度的单缝,有 0.1 mm、0.2 mm、0.3 mm 三种供选择。

对于衍射光强的测量,用硅光电池作为光电转换元件。由激光功率指示计读出的值作为照射到光电转换元件上的光强的相对值。光探头正面装有狭缝光阑,有 12 挡即不同宽度的狭缝光阑(见图 4-26-4)以供选择,用以改变硅光电池受光面积。光探头装在 x 方向可调的一维位移架上,可沿 x 方向平移,以测量衍射光强的分布。

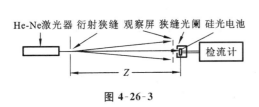

图 4-26-3

图 4-26-4

【实验步骤】

1. 观察单缝衍射现象

(1) 将激光器放置于光具座的一端,开启激光器电源,激光输出。调节激光束,使其与导轨平行。

(2) 紧靠激光器放置单缝,在另一端放置观察屏。调节狭缝,使其处于垂直状态,将衍射图样平行 x 方向展开。

(3) 选用不同宽度的单缝,观察单缝衍射图样的特点及变化规律。调出最佳的待测衍射图样。

2. 测量单缝衍射的光强分布

(1) 将一维位移架置于导轨的另一端,放上光探头并锁紧。调节光探头到一维位移架的中间区域。移去观察屏,使衍射光照射到光探头上,旋转光探头上的光阑盘,使 0.2 mm 的狭缝光阑进入探测位置。

(2) 为使测量准确,应检查衍射图样的光强分布是否对称。方法是:用光探头检查±1 级次极大的光电流是否相等,同时粗测一下它们相对主极大的距离是否相等。如果不相等,可进一步微调狭缝的横向位置。

(3) 测定光强分布。转动一维位移架上的丝杠钮,沿 x 方向平移光探头,以比较小的间隔(如 1 mm),逐点测出衍射光的相对光强 I_θ/I_0 和对应的位置 x_θ。对衍射光强的极大值 I_m 与极小值 I_n 所对应的位置 x_m 和 x_n 应仔细测量。

(4) 测量单缝到硅光电池的距离 Z。

(5) 分别以相对光强 I_θ/I_0 及其对应的位置 x_θ 为纵、横坐标,作单缝衍射的光强分布曲线。

(6) 利用以下公式计算单缝宽度。取不同级数 k 的测量数据进行计算,求平均值 $\bar{a}$。

$$a = \frac{k\lambda}{\sin\left(\arctan\dfrac{x_k}{Z}\right)} \qquad (4\text{-}26\text{-}2)$$

式中,x_k 为±k 级暗纹中心距离的一半,Z 为单缝到硅光电池的距离。

注意:①实验完毕后,将仪器电源关断;②不要正对着激光束观察;③不要用手去触摸单缝表面。

【习题】

1. 什么叫夫琅禾费衍射？本实验是否满足夫琅禾费衍射条件？为什么？

2. 当缝宽增加一倍时,衍射图样的光强和条纹宽度将怎样改变？如果缝宽减半,衍射图样的光强和条纹宽度又怎样改变？

实验二十七　衍射光栅测定光波波长

衍射光栅是一种重要的分光元件。它不仅用于光谱学,还广泛用于计量、光通信、信息处理等方面。光栅分为透射光栅和反射光栅两类。本实验使用的是透射光栅,它相当于一组数目极多的等宽、等间距的平行排列的狭缝。

目前使用的光栅主要通过以下方法获得。

(1) 用精密的刻线机在玻璃或镀在玻璃上的铝膜上直接刻划得到。

(2) 用树脂在优质母光栅上复制得到。

(3) 采用全息照相的方法制作全息光栅。

实验室通常使用复制光栅或全息光栅。

【实验目的】

(1) 观察光栅衍射现象,了解衍射光栅的主要特性。

(2) 掌握在分光计上用透射光栅测定光波波长、光栅常数及角色散率的方法。

【实验仪器】

分光计、平行平面反射镜、汞灯、透射光栅。

【实验原理】

1. 光栅分光原理

在图 4-27-1 中,G 为光栅,光栅刻线方向垂直于纸面。根据衍射理论,当一束平行光入射到光栅平面上时,透射光按衍射规律向各方向传播,经透镜 L 会聚后,在透镜第二焦平面上形成一组亮条纹(又称光谱线)。各级亮纹产生的条件是:

$$d(\sin\theta \pm \sin i) = k\lambda \quad (k = 0, \pm1, \pm2, \cdots) \tag{4-27-1}$$

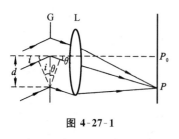

图 4-27-1

式(4-27-1)称为光栅方程。式中,d 是光栅常数,θ 是衍射角,i 是入射光线与光栅法线的夹角,k 是光谱级次;λ 是光波波长。括号中的正号表示入射光和衍射光在法线的同侧,而负号表示它们在法线的异侧。

如果入射光不是单色光,则由式(4-27-1)可知,除 $k=0$ 外,其余各级谱线将按波长的次序依次排开。

当平行光垂直入射时,$i=0$,光栅方程简化为

$$d\sin\theta = k\lambda \quad (k=0,\pm 1,\pm 2,\cdots) \tag{4-27-2}$$

这时在 $\theta=0$ 的方向上可以观察到中央谱线极强(称为零级谱线),其他级次的谱线对称地分布在零级谱线的两侧。图 4-27-2 所示是汞灯光谱示意图。

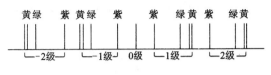

图 4-27-2

根据式(4-27-2),用分光计测出各条谱线的衍射角 θ,若已知入射光波长,则可求得光栅常数 d;若已知光栅常数 d,则可求得入射光波长 λ。由于衍射角 θ 最大不得超过 $90°$,由式(4-27-2)可知某光栅能够测定的最大波长 λ_m 不能超过光栅常数 d,即 $\lambda_m \leqslant d$。

2. 光栅的基本特性

衍射光栅的基本特性有两个:一是角色散率,二是分辨本领。

(1) 角色散率。光栅的角色散率是指在同级光谱中两条谱线衍射角之差 $\Delta\theta$ 与其波长差 $\Delta\lambda$ 之比,即

$$D_\theta = \frac{\Delta\theta}{\Delta\lambda} \tag{4-27-3}$$

对光栅方程进行微分得

$$D_\theta = \frac{\Delta\theta}{\Delta\lambda} = \frac{k}{d\cos\theta_k} \tag{4-27-4}$$

由式(4-27-4)可知,光栅的角色散率与光栅常数 d 成反比,与级次 k 成正比。角色散率与光栅中衍射单元的总和 N 无关,它只反映两条谱线中心分开的程度,而不涉及它们是否能够分辨。当衍射角 θ_k 很小时,式(4-27-4)中的 $\cos\theta_k \approx 1$,角色散率 D_θ 可以近似看作常数,此时 $\Delta\theta$ 和 $\Delta\lambda$ 成正比,故光栅光谱称为匀排光谱。

(2) 分辨本领。分光仪器的分辨本领 R 通常定义为两条刚可被该仪器分辨开的谱线波长差 $\Delta\lambda$ 去除它们的平均波长 λ,即

$$R = \frac{\lambda}{\Delta\lambda} \tag{4-27-5}$$

根据瑞利判据可求得光栅分辨本领 R 的表达式为

$$R = kN \tag{4-27-6}$$

式(4-27-6)说明光栅的分辨本领正比于有效使用面积内衍射单元总数 N 和光谱的级次 k,与光栅常数 d 无关。分辨本领 R 越大,表明刚刚能被分辨开的波长差 $\Delta\lambda$ 越小,该光栅分辨细微结构的能力越强。

【实验步骤】

1. 仪器调节

(1) 参照实验二十三,调节分光计至使用状态。

(2) 调节光栅。分光计调节好后,将光栅置于载物台上,并进行下列调节。

① 调节光栅平面,使其与平行光管光轴垂直。目的是使光栅平面平行于仪器主轴,并使入射光垂直于光栅平面,保证入射角为零。

调节方法：先把平行光管的狭缝照亮(光源为低压汞灯)，转动望远镜，使其分划板叉丝竖线对准狭缝中央，并固定望远镜。然后把光栅按图4-27-3放置在载物台上，转动载物台，大致使光栅平面垂直于望远镜光轴。通过望远镜找到由光栅平面反射回来的十字像，调节载物台下的调平螺钉 a_1 或 a_2，用自准直法调节光栅平面，使其严格与望远镜光轴垂直(只需对光栅一个表面进行调节，调节时，不能调动望远镜的倾斜度)。此时，通过望远镜应能看到图4-27-4所示的图像。至此，光栅平面已与分光计的主轴平行，同时与入射光垂直。调好后，随即固定载物台。

② 调节光栅，使其刻线与仪器转轴平行。放松望远镜的制动螺钉，转动望远镜，观察中央亮纹两侧的光谱线是否等高。若光栅刻线与仪器主轴不平行，则谱线不等高，这时可调节载物台下的调平螺钉 a_3，直到各条谱线等高为止，如图4-27-5所示。

调好后再检查光栅平面是否仍与平行光管光轴垂直，若有变化，则按上述两个步骤反复调节，直到两个条件均能满足为止。

图 4-27-3

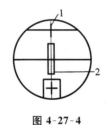
图 4-27-4

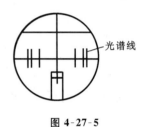
图 4-27-5

注意：光栅调好后，游标盘(连同载物台)应固定，测量时只转动望远镜(连同刻度盘)，不再转动和碰动光栅。

2. 测定光栅常数

以汞灯546.1 nm的绿光为已知波长，测出其 $k=\pm 1$ 级的衍射角，重复测量三次，求 $\bar{d}$。注意，+1与-1级的衍射角相差不能超过几分，否则应重新检查入射角是否为零。

3. 测定未知光波波长及角色散率

以汞灯其他谱线(如选其中的两条黄线)为未知波长，测出各谱线所对应的衍射角 θ，重复测量三次，取平均值。将结果及前面所得到的 d 值代入式(4-27-2)，计算各谱线波长，并将其与公认值比较，计算相对误差。再利用式(4-27-3)计算两条黄线的一级谱线的角色散率(D_θ 的单位为 rad/nm)。

4. *观察分辨本领与光栅中衍射单元总数 N 的关系

用钠光灯代替汞灯照亮狭缝，调节缝宽，直到在望远镜中能分辨钠光的两条一级谱线。调整光源位置，使谱线最亮。然后将一可变狭缝光阑套在平行光管的物镜上，适当调节狭缝光阑的宽度，减小光栅的有效使用面积(即 N 减小)，观察钠光两条黄色谱线随 N 的减小发生的变化，记录观察结果，并用读数显微镜测出这两条谱线刚能分辨时狭缝光阑的宽度，由式(4-27-5)和式(4-27-6)分别计算一级谱线的分辨本领 R，并进行比较。

【数据处理】

记录数据于表4-27-1中。

表 4-27-1

谱线	0 级读数		+1 级读数		−1 级读数		衍射角 θ
	游标 1	游标 2	游标 1	游标 2	游标 1	游标 2	
绿							
黄 1							
黄 2							

【习题】

1. 若光栅平面平行于仪器主轴但不垂直于平行光管光轴,能否按式(4-27-2)测量 d 和 λ？用式(4-27-2)要保证什么实验条件？实验中如何实现？

2. 实验中两边谱线不等高,对测量结果有无影响？光栅平面不通过仪器主轴(即光栅不放在 a_1、a_2 两螺钉的中垂线上)对实验结果有无影响？

3. 仍然用本实验的分光计,换一个光栅常数相同但总刻线数目 N 更多的光栅,能否提高该套装置的分辨本领？请说明理由。

实验二十八　偏振光的获得与检验

【实验目的】

(1) 观察光的偏振现象,熟悉偏振的基本规律。

(2) 验证马吕斯定律。

(3) 掌握产生和鉴别线偏振光、圆偏振光和椭圆偏振光的原理和方法。

【实验仪器】

半导体激光器、光具座、偏振片(2 块)、1/2 波片、1/4 波片、光探头、激光功率指示计。

【实验原理】

光是电磁波,它的电场矢量和磁场矢量相互垂直,且又垂直于光的传播方向。通常用电矢量代表光矢量,并将光矢量和光的传播方向所构成的平面称为振动面。在与传播方向垂直的平面内,光矢量可能有各式各样的振动状态,这些振动状态称为光的偏振态。若光矢量的方向是任意的,且各方向上光矢量振幅的时间平均值是相等的,则这种光称为自然光。若光矢量可以采取任何方向,但不同的方向上其振幅不同,某一方向振动的振幅最强,而与该方向垂直的方向振动最弱,则称这种光为部分偏振光。若光矢量的方向始终不变,只是它的振幅随相位改变,光矢量的末端轨迹是一条直线,则称这种光为线偏振光或平面偏振光。若光矢量的方向和大小随时间做有规律的变化,其末端在垂直于传播方向的平面内的轨迹呈椭圆或圆,则称这种光为椭圆偏振光或圆偏振光。

能使自然光变成偏振光的装置或仪器,称为起偏器。用来检验光是否为偏振光的装置或仪器,称为检偏器。实际上起偏器也可用作检偏器。

1. 产生线偏振光的方法

(1) 反射和折射起偏。当自然光由空气入射到各向同性介质(如玻璃)的表面时,反射光和折射光一般为部分偏振光。改变入射角,反射光的偏振程度可以改变。设介质的折射率为 n,

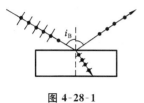

图 4-28-1

当入射角为

$$i = i_B = \arctan n \tag{4-28-1}$$

时,反射光为线偏振光,其振动面垂直于入射面,而透射光为部分偏振光,如图 4-28-1 所示。图中黑点"·"表示振动面垂直于入射面的线偏振光,短线"—"表示振动面平行于入射面的线偏振光,式(4-28-1)称为布儒斯特定律,i_B 为布儒斯特角。

如果自然光以布儒斯特角 i_B 入射到一叠互相平行的玻璃片堆上,则经多次反射,最后从玻璃片堆透射出来的光也近于线偏振光。玻璃片的数目越多,透射光的偏振度越高。

(2) 晶体的双折射起偏。当自然光入射于某些各向异性晶体(如方解石)时,经晶体的双折射所产生的寻常光(o 光)和非常光(e 光)都是线偏振光。o 光光矢量垂直于 o 光的主平面(晶体中某条光线与晶体光轴构成的平面,叫该光线的主平面),e 光光矢量平行于 e 光的主平面。尼科耳棱镜就是利用方解石的双折射现象制成的偏振器。

(3) 偏振片。它是利用某些有机化合物晶体的二向色性制成的。自然光通过偏振片后,光矢量垂直于偏振片透振方向的分量几乎被完全吸收,光矢量平行于透振方向的分量几乎完全通过,因此,透射光基本上成为线偏振光,如图 4-28-2 所示。

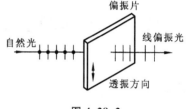

图 4-28-2

2. 波片、圆偏振光和椭圆偏振光的产生

如图 4-28-3 所示,一束平行的线偏振光垂直入射到一块光轴平行于表面的单轴晶片上时,光在晶体内分解为 o 光与 e 光。虽然它们在晶体内的传播方向一致,但传播速度不相同。于

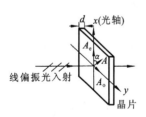

图 4-28-3

是,通过晶片后,o 光与 e 光之间就产生固定的光程差 Δ,即

$$\Delta = (n_o - n_e)d \tag{4-28-2}$$

相应的相位差为

$$\delta = \frac{2\pi}{\lambda}(n_o - n_e)d \tag{4-28-3}$$

式中,λ 为单色光的波长,d 为晶片厚度,n_o 和 n_e 分别为 o 光和 e 光的折射率。

设入射光的振幅为 A,振动面与晶片光轴成 α 角,则 o 光和 e 光的振幅分别为

$$A_o = A\sin\alpha$$

$$A_e = A\cos\alpha$$

在晶片的出射界面上取直角坐标系,其 x 轴平行于光轴,如图 4-28-3 所示。令 x、y 分别表示 e 光、o 光光矢量矢端坐标,则光通过晶片后,o 光和 e 光的合成光矢量在晶片出射界面上的矢端轨迹为

$$\frac{x^2}{A_e^2} + \frac{y^2}{A_o^2} - \frac{2xy}{A_o A_e}\cos\delta = \sin^2\delta \tag{4-28-4}$$

这是一般椭圆方程,即由晶片出射的光一般为椭圆偏振光。随着相位差 δ 的不同,式(4-28-4)表现为不同的椭圆形态,如图 4-28-4 所示,各种形态的椭圆都被限制在一个矩形框内,矩形边长由 A_o 和 A_e 决定。图中箭头表示合成光矢量端点的旋转方向,沿顺时针方向为右旋,沿逆时针方向为左旋。由图 4-28-4 和式(4-28-2)及式(4-28-3)可知,适当选择晶片的厚度 d,可使线偏振光通过晶片后的出射光具有不同的偏振态。

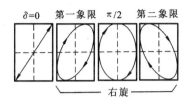 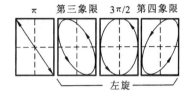

图 4-28-4

(1) 全波片。当晶片厚度 d 满足 $\Delta=(n_o-n_e)d=k\lambda$,$\delta=k(2\pi)$($k$ 为整数)时,该晶片称为全波片。线偏振光经过全波片后,出射光仍为线偏振光,振动面与入射光的振动面平行。

(2) $\frac{1}{2}$ 波片。当晶片厚度满足 $\Delta=(n_o-n_e)d=(2k+1)\frac{\lambda}{2}$,$\delta=(2k+1)\pi$($k$ 为整数)时,该晶片称为 $\frac{1}{2}$ 波片或半波片。线偏振光经过 $\frac{1}{2}$ 波片后,出射光仍为线偏振光,但振动面相对于原入射光振动面转过 2α 角。

(3) $\frac{1}{4}$ 波片。当晶片厚度 d 满足 $\Delta=(n_o-n_e)d=(2k+1)\frac{\lambda}{4}$,$\delta=(2k+1)\frac{\pi}{2}$($k$ 为整数)时,该波片称为 $\frac{1}{4}$ 波片。线偏振光经过 $\frac{1}{4}$ 波片后,出射光一般为椭圆偏振光,椭圆的两轴分别与晶片的光轴平行和垂直。当 $\alpha=\frac{\pi}{4}$ 时,出射光为圆偏振光。

此外,当 $\alpha=0$ 或 $\frac{\pi}{2}$ 时,不论通过何种波片,线偏振光的偏振性质都不会改变。

若入射到晶片上的光为椭圆偏振光,$\frac{1}{2}$ 波片将改变椭圆偏振光的椭圆取向(长、短轴的取向)。此外,它还把右旋的圆偏振光或椭圆偏振光变为左旋或将左旋的圆偏振光或椭圆偏振光变为右旋。$\frac{1}{4}$ 波片也可将椭圆或圆偏振光变为线偏振光。

3. 偏振光的检测

按照马吕斯定律,如果线偏振光的振动面与检偏器的透振方向夹角为 θ,则强度为 I_θ 的线偏振光通过检偏器后,光强变为

$$I=I_\theta\cos^2\theta \tag{4-28-5}$$

显然,当以光的传播方向为轴旋转检偏器时,每转 90° 透射光强将交替出现极大和消光。如果部分偏振光或椭圆偏振光通过检偏器,当旋转检偏器时,虽然透射光强每隔 90° 也从极大变为极小,再由极小变为极大,但无消光位置。圆偏振光通过检偏器,当旋转检偏器时,透射光强无变化。

【实验步骤】

1. 检验半导体激光源的偏振特性

(1) 如图 4-28-5 所示,在光具座上先放置好激光器 S 和光探头 E,并分别与激光功率指示计

相连。开启激光功率指示计电源,激光输出,调整它们的高度,使激光束对准光探头的中心圆孔。

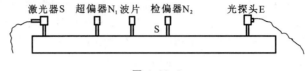

图 4-28-5

(2) 在激光器和光探头之间放置偏振片 N_1,缓慢旋转 N_1 一周,观察激光功率指示计上示数的变化,并记下激光功率指示计上示数的最大值和最小值,以及所对应 N_1 的角度(列出表格记录数据)。

(3) 计算半导体激光的偏振度:

$$P = \frac{I_{\max} - I_{\min}}{I_{\max} + I_{\min}}$$

2. 验证马吕斯定律

(1) 旋转偏振片 N_1,使透射光最强,此后偏振片 N_1 的透光方向保持不变。

(2) 在 N_1 与光探头之间放置偏振片 N_2(这里 N_1 为起偏器,N_2 为检偏器)。旋转检偏器 N_2 至消光位置,再将检偏器旋转 $90°$,此时 N_1 与 N_2 透光方向一致,出射光最强。以此为起点继续旋转 N_2,读出 $0°\sim180°$ 范围内每隔 $10°$ 的角度 θ 和相应的光电流数据 I(激光功率指示计的示数)。列出表格记录数据。

(3) 在坐标纸上画出 I_θ/I_0-θ 曲线。由实验曲线验证马吕斯定律,给出验证的结论。

3. 线偏振光通过 $\frac{1}{2}$ 波片现象的观测

(1) 仍保持 N_1 透光方向最强的位置。旋转 N_2 至消光位置。此时 N_1 与 N_2 的透光方向互相垂直。

(2) 在 N_1 与 N_2 之间放上 $\frac{1}{2}$ 波片,转动 $\frac{1}{2}$ 波片一周,能有几次消光?为什么?

(3) N_1、N_2 仍保持正交,转动 $\frac{1}{2}$ 波片,使其光轴与 N_1 平行,然后固定 $\frac{1}{2}$ 波片不动,将起偏器 N_1 相对于起始位置依次转动 $15°$、$30°$、$45°$、$60°$、$75°$、$90°$,分别再使 N_2 旋转 $360°$,检查通过 $\frac{1}{2}$ 波片后出射光的偏振态。记录现象并总结出线偏振光通过 $\frac{1}{2}$ 波片后振动面改变的规律。

4. 用 $\frac{1}{4}$ 波片产生椭圆偏振光和圆偏振光

(1) 仍保持 N_1 透光方向最强的位置。旋转 N_2 至消光位置。

(2) 取下 $\frac{1}{2}$ 波片,换上 $\frac{1}{4}$ 波片,旋转 $\frac{1}{4}$ 波片至消光位置。

(3) 将 $\frac{1}{4}$ 波片从消光位置转过 $15°$,再使 N_2 缓慢旋转 $360°$,观察出射光强的变化,记录激光功率指示计上示数的最大值及最小值。

(4) 重复步骤(3),依次将 $\frac{1}{4}$ 波片从消光位置转过 $30°$、$45°$、$60°$、$75°$、$90°$,分别再使 N_2 转动 $360°$,测量出射光强的变化,并根据出射光强的变化判断线偏振光通过 $\frac{1}{4}$ 波片后变成了哪种偏振光? 将结果填入表 4-28-1。

表 4-28-1

$\frac{1}{4}$波片转动角度	检偏器 N₂ 转动 360°观察到的现象 (记下出射光强的最小值和最大值及其所对应的角度)	出射光的偏振态
15°		
30°		
45°		
60°		
75°		
90°		

【习题】

1. 简述线偏振光、圆偏振光和椭圆偏振光的定义。

2. 请说出获得线偏振光的几种方法。如何判断线偏振光? 怎样确定它的偏振方向?

3. 本实验为什么要用单色光照明? 根据什么选择单色光源的波长? 光波波长范围较宽,会给实验带来什么影响?

4. 如何区别圆偏振光与自然光?

5. 如何区别部分偏振光与椭圆偏振光?

实验二十九　超声光栅测定液体中的声速

声波在气体、液体介质中传播时,会引起介质密度的空间分布出现疏密相间的周期性变化,从而引起介质的折射率相应变化。光通过这种介质时,就相当于通过一个透射光栅并发生衍射现象。这种现象称为声光衍射或声光效应。这种载有声波的介质称为声光栅。当采用超声波时,通常称为超声光栅。本实验研究的就是以液体为介质的超声光栅对光的衍射作用。

【实验目的】

(1) 了解声光相互作用的机理和超声光栅的原理。

(2) 观察声光衍射现象。

(3) 学会用超声光栅测定液体中的声速。

【实验仪器】

WSG-1 型超声光栅声速仪(含信号源、超声池、陶瓷晶片等)、分光计、测微目镜、汞灯。

【实验原理】

超声波在液体中传播的波型可以是行波也可以是驻波。行波形式的超声光栅的栅面在空间随时间移动。图 4-29-1 显示了超声行波在某一瞬间的情况。图 4-29-1(a)表示存在超声场时,液体内呈现疏密相间的周期性密度分布。图 4-29-1(b)为相应的折射率分布,n_0 表示不存在超声场时该液体的折射率。由图 4-29-1(b)可见,密度和折射率都是呈周期性变化的,且具有相同的周期,相应的波长正是超声波的波长 λ_s。因为是行波,折射率的这种分布以声速 v_s 向前推进并可表示为

$$n(z,t)=n_0+\Delta n(z,t)$$
$$\Delta n(z,t)=\Delta n\sin(K_s z-\omega_s t) \tag{4-29-1}$$

式中,z 为超声波传播方向上的坐标,ω_s 为超声波的圆频率,λ_s 为超声波波长,$K_s=2\pi/\lambda_s$。

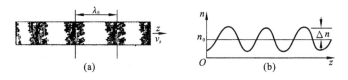

图 4-29-1

由式(4-29-1)可见,折射率增量 $\Delta n(z,t)$ 按正弦规律变化。

如果在超声波前进方向上适当位置垂直地设置一个反射面,则可获得超声驻波。对于超声驻波,可以认为超声光栅是固定于空间的。设前进波和反射波的方程分别为

$$\begin{cases} a_1(z,t)=A\sin\left[2\pi\left(\dfrac{t}{T_s}-\dfrac{z}{\lambda_s}\right)\right] \\ a_2(z,t)=A\sin\left[2\pi\left(\dfrac{t}{T_s}+\dfrac{z}{\lambda_s}\right)\right] \end{cases} \tag{4-29-2}$$

两者叠加,$a(z,t)=a_1(z,t)+a_2(z,t)$,得

$$a(z,t)=2A\cos\left(2\pi\frac{z}{\lambda_s}\right)\sin\left(2\pi\frac{t}{T_s}\right) \tag{4-29-3}$$

式(4-29-3)说明叠加的结果是产生了一个新的声波。它的振幅为 $2A\cos(2\pi z/\lambda_s)$,即在 z 方向上各点振幅是不同的,呈周期性变化;波长为 λ_s(即原来的声波波长),它不随时间变化;相位 $2\pi t/T_s$ 是时间的函数,但不随空间变化,这就是超声驻波的特征。

计算表明,相应的折射率变化可表示为

$$\Delta n(z,t)=2\Delta n\sin(K_s z)\cos(\omega_s t) \tag{4-29-4}$$

式(4-29-4)中各符号的意义同式(4-29-1),相应的图像表示在图 4-29-2 中。可以看出,在不同时刻 $\Delta n(z,t)$ 的分布是不同的,也就是说对于空间任一点,折射率随时间变化,变化的周期是 T_s,并且对应 z 轴上某些点的折射率可以达到极大值或极小值,对于同一时刻,z 轴上的折射率也呈周期性分布,其相应的波长就是 λ_s。总之,驻波超声光栅的光栅常数就是超声波的波长。

当一束平行光垂直入射到超声光栅上(光的传播方向在光栅的栅面内)时,出射光即为衍射光,如图 4-29-3 所示。图中 d 为声光作用长度。可以证明,与平面光栅一样,形成各级衍射的条件是

$$\lambda_s\sin\varphi_k=k\lambda \quad (k=0,\pm1,\pm2,\cdots) \tag{4-29-5}$$

式中,k 为衍射条纹级数,φ_k 为第 k 级衍射角,λ 为入射光波长,λ_s 为超声波波长。

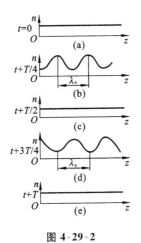

图 4-29-2

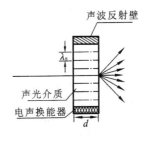

图 4-29-3

像上述这种能产生多级衍射的声光衍射现象为拉曼-奈斯(Raman-Nath)衍射。只有当超声波频率较低,入射角较小时才能产生这种衍射。另一种声光衍射称为布拉格衍射,它只产生零级及唯一的+1级或-1级衍射。这种情况只在超声波频率较高、声光作用长度较大,且光束以一定的角度倾斜入射时才能发生。布拉格衍射效率较高,常用于光偏转、光调制等技术中。本实验中只涉及拉曼-奈斯衍射。

【实验装置】

实验装置如图 4-29-4 所示。超声池是一个长方形玻璃液槽,液槽的两通光侧面为平行平面。液槽内盛有待测液体(如水、乙醇等)。电声换能器采用压电材料锆钛酸铅陶瓷(亦称 PZT 晶片),晶片两面引线与液槽上盖的接线柱相连。当放入液体中的 PZT 晶片由信号源输出的高频振荡信号驱动时,就会产生超声波并在液槽中产生超声驻波场,形成超声光栅。

超声池置于调整好的分光计载物台上,使其通光侧面与平行光管光轴垂直。用汞灯照亮平行光管狭缝,由平行光管出射的平行光束垂直通过装有 PZT 晶片的液槽,自液槽出射的光,经望

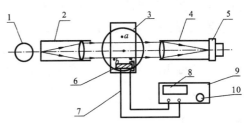

图 4-29-4

1—汞灯;2—平行光管;3—超声池;4—望远镜(去掉目镜筒);
5—测微目镜;6—PZT 晶片;7—导线;8—频率显示窗;
9—超声信号源;10—调频旋钮

远镜会聚在后焦面上,如图 4-29-5 所示。用测微目镜观测衍射光谱。从图 4-29-5 中可以看出,当 φ_k 很小时,有

$$\sin\varphi_k = \frac{l_k}{f} \qquad (4\text{-}29\text{-}6)$$

式中,l_k 为衍射光谱零级至 k 级的距离,f 为望远物镜 L_2 的焦距($f=170$ mm)。

所以超声波的波长 λ_s 为

$$\lambda_s = \frac{k\lambda}{\sin\varphi_k} = \frac{k\lambda f}{l_k} \qquad (4\text{-}29\text{-}7)$$

图 4-29-5

155

超声波在液体中的传播速度为

$$v_s = \lambda_s f_s = \frac{\lambda f_s f}{\Delta l_k} \qquad\qquad (4\text{-}29\text{-}8)$$

式中,f_s 为超声器和 PZT 晶片的共振频率,λ 为入射光波长。

f、λ 已知,只要用微测目镜测出同一色光衍射条纹间距 Δl_k,并由仪器读出共振频率 f_s,即可求出超声波在待测液体中的传播速度 v_s 值。

【实验步骤】

(1) 参照实验二十三,调整分光计到使用状态。

(2) 将液体槽座卡在分光计的载物台上液体槽座的缺口对准并卡住载物台锁紧螺钉,放置平稳,并用载物台侧面的螺钉锁紧。

(3) 将超声池平稳地放入液体槽座中,并向超声池内注入待测液体,液面高度以液体槽侧面的液体高度刻线为准。转动望远镜,使其正对平行光管,并使望远镜与平行光管共轴,利用自准直法,调节载物台下的调平螺钉,使超声池的通光表面垂直于平行光管和望远镜光轴。

(4) 将两根高频连接线的一端插入液体槽盖板上的接线柱,另一端接入超声光栅声速仪电源箱的高频信号输出端,然后将液体槽盖板盖在液体槽上。

(5) 取下望远镜目镜,换上测微目镜。调焦目镜,直至看清分划板十字划线;调焦望远镜(即改变测微目镜与物镜之间的距离),以清晰观察到平行光管的狭缝像。

(6) 开启超声信号源电源,从测微目镜中可看到衍射光谱。仔细调节频率微调旋钮,使电振荡频率与压电换能器固有频率一致,此时,衍射光谱的级次会明显增多且更明亮。为使平行光束严格垂直于超声波束传播方向,可微调载物台,使观察到的衍射光谱左右对称(谱线级次和亮度一致)。调好后,一般可观察到 ±3 级以上谱线。

(7) 衍射条纹间距的测量。用测微目镜沿一个方向逐级测量其位置读数(例如,从 -3,…,0,…,+3),再用逐差法求出条纹间距的平均值。

(8) 记下共振时的频率值 f_s,利用式(4-29-8)求出超声波在被测液体中的传播速度 v_s 值。

【注意事项】

(1) 超声池置于载物台上要稳定,实验过程中避免振动。也不能碰触连接超声池和高频信号源的两根导线,这是因为导线分布电容的变化对输出电频率有微小影响。超声池上盖要盖平,要保证陶瓷片表面与玻璃槽壁表面平行。

(2) 一般共振频率在 11 MHz 左右,WSG-Ⅰ型超声光栅声速仪给出 10~12 MHz 可调范围。稳定共振时,数字频率计显示的频率值应是稳定的(末尾有 1~2 个单位数的变动)。数字频率计长时间工作,会对其性能有一定影响,实验时,还应特别注意不要使数字频率计长时间调在 12 MHz 以上,以免振荡线路过热而损坏。

(3) 实验过程中,不要用手触摸 PZT 晶片和液槽的通光表面。若液面因液体挥发而下降,要及时补充液体至正常液面线处。

(4) 测量完毕应将超声池内被测液体倒出,不要将 PZT 晶片长时间浸泡在液体中。

(5) 声波在液体中传播与液体温度有关,要记录液体的温度,并进行温度修正。水中的声速随温度做抛物线式变化,$v_水 = 1\ 557 - 0.024\ 5(74 - t)^2$。

【数据处理】

样品:纯净水。

声速计算公式:

$$v_s = \frac{\lambda_0 f_s f}{\Delta l_k}$$

式中,f 为透镜的焦距(JJY 型分光计),为 170 mm;汞灯波长 λ 分别为汞蓝光 435.8 nm,汞绿光 546.1 nm,汞黄光 578.0 nm(双黄线平均波长)。

实验温度＝_____℃, f_s＝_____。

填表 4-29-1 和表 4-29-2。

表 4-29-1　　　　　　　　　　　　　　　　　　　　　单位:mm

光色	能级								
	−4	−3	−2	−1	0	1	2	3	4
黄									
绿									
蓝									

注:读取目镜中衍射条纹位置读数。

表 4-29-2

光色	衍射条纹平均间距	声速 v_s
黄		
绿		
蓝		

注:用逐差法计算各色光衍射条纹平均距离。

求三种不同的波长所测量的声速的平均值:

$$v_s ＝ \text{_____}$$

理论值:1 482.9 m/s(H_2O　20 ℃)。

【习题】

1. 实验时可以发现,当 f_s 增大时,衍射条纹间距 Δl 加大,反之减小,这是为什么?

2. 由驻波理论知道,相邻波腹间和相邻波节间的距离都等于半个波长,为什么超声光栅的光栅常数等于超声波的波长呢?

3. 要实现拉曼-奈斯衍射,对超声频率和超声池的宽度(指沿光传播方向上的宽度)有何要求?

第五章　综合设计性实验

实验三十　光 电 效 应

金属中的自由电子,在光的照射下吸收光能从金属表面逸出的现象称为光电效应。对光电效应现象的研究,使人们进一步认识到光的波粒二象性的本质,促进了光量子理论的建立和近代物理学的发展。利用光电效应制成的光电器件,如光电管、光电池、光电倍增管等,已成为生产和科研中不可缺少的传感和换能器件。

【实验目的】

(1) 通过实验加深对光的量子性的认识。

(2) 验证爱因斯坦方程,并测定普朗克常数。

【实验仪器】

DH-GD-1 型光电效应实验仪由汞灯光源、滤色片、光阑、光电管、测试仪(含光电管电源和微电流放大器)等构成,仪器结构如图 5-30-1 所示。

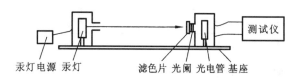

汞灯电源　汞灯　　　滤色片　光阑　光电管　基座

图 5-30-1

(1) 汞灯光源。在 320.3～872.0 nm 的谱线范围内有 365.0 nm、404.7 nm、435.8 nm、546.1 nm、578.0 nm 共 5 条谱线可供实验使用。

(2) 滤色片组。有 5 种滤色片,中心波长分别为 365.0 nm、404.7 nm、435.8 nm、546.1 nm、578.0 nm。

(3) 光阑。有 $\phi2$、$\phi4$、$\phi8$ 三种口径。

(4) 光电管暗箱。采用测 h 专用光电管和特殊结构,光不能直接照射到阳极,由阴极反射到阳极的光也很少;加上选用了新型的阴、阳极材料及制作工艺,阳极反向电流大大降低,暗电流也很小($\leqslant 2\times10^{-12}$ A)。

光电管工作电源有两组($-2\sim+2$ V,$-2\sim+30$ V),连续可调,精度为 0.1%,最小分辨力为 0.01 V,电压值为三位半 LED 数字显示。

(5) 测试仪。电流测量范围为 $10^{-13}\sim10^{-8}$ A,测量结果以三位半数字显示。

【实验原理】

光电效应是电磁波的经典理论所不能解释的。1905年,爱因斯坦依照普朗克的量子假设,提出了关于光的本性的光子假说:当光与物质相互作用时,其能流并不像波动理论所想象的那样是连续的,而是集中在一些叫作光子(或光量)的粒子上。每个光子都具有能量 $h\nu$,其中 h 是普朗克常数,ν 是光的频率。根据这一理论,在光电效应中,金属中的电子要么吸收一个光子,要么完全不吸收。当金属中的自由电子从入射光中吸收一个光子的能量 $h\nu$ 时,能量 $h\nu$ 一部分消耗于电子从金属表面逸出时所需要的逸出功 W,其余部分转变为电子的动能,根据能量守恒有

$$h\nu = \frac{1}{2}mv_{\mathrm{m}}^2 + W \qquad (5\text{-}30\text{-}1)$$

式(5-30-1)称为爱因斯坦方程,式中 m 是光电子的质量,v_{m} 是光电子离开金属表面时的最大速度。

式(5-30-1)成功地解释了光电效应的规律。

(1) 光子能量 $h\nu < W$ 时,不能产生光电效应。

(2) 光电子的能量取决于入射光的频率。只有当入射光的频率大于 $\nu_0 = (W/h)$ 时,才能产生光电效应。ν_0 称为截止频率(又称红限),不同的金属材料有不同的逸出功 W,所以 ν_0 也不相同。

(3) 入射光的强弱意味着光子流密度的大小,即光强只影响光电子形成光电流的大小。

本实验采用减速电位法来验证式(5-30-1),并由此测定普朗克常数 h。实验原理如图5-30-2所示,当单色光入射到光电管的阴极 K 上时,就有光电子逸出,若阳极 A 电位为正,K 电位为负,光电子就加速;若 A 电位为负,K 电位为正,光电子就减速。所谓减速电位法,就是后者的接法。当 A、K 之间反向电压逐渐增大时,光电流逐渐减小;当反向电压大到一定数值 U_0 时,光电流将为零,此时有

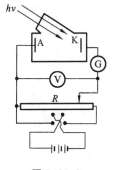

图 5-30-2

$$eU_0 = \frac{1}{2}mv_{\mathrm{m}}^2 \qquad (5\text{-}30\text{-}2)$$

式中,e 是电子电荷的绝对值,U_0 称为截止电压。

光电流 I 与所加电压 U 的关系如图5-30-3所示。图中 I_{m} 为饱和电流值,a、b 两条曲线对应不同光强的入射光,入射光的光强越大,饱和电流越大。

由式(5-30-1)和式(5-30-2)可得

$$U_0 = \frac{h}{e}\nu - \frac{W}{e} \qquad (5\text{-}30\text{-}3)$$

由式(5-30-3)可以看出,U_0 与 ν 成正比。实验时,改变入射光的频率,测出相应的截止电压值 U_0,并且作出 $U_0\text{-}\nu$ 曲线,若得到的是一条直线,如图5-30-3所示,则爱因斯坦方程便得到验证。

由直线的斜率

$$\tan\theta = \frac{\Delta U_0}{\Delta\nu} = \frac{h}{e} \qquad (5\text{-}30\text{-}4)$$

即可求出普朗克常数 h。

图 5-30-4 中所示的光电流随电压变化的曲线是理论曲线,实际测量中还有一些不利因素影响测量结果,稍不注意就会带来很大的误差。

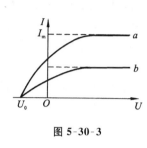

图 5-30-3

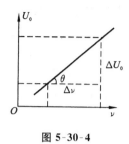

图 5-30-4

(1)暗电流。它是指光电管没有受到光照射时形成的一种电流,是由热电子发射和管壳漏电等原因引起的。

(2)本底电流。它是由周围的杂散光射入光电管引起的。

由于暗电流和本底电流的出现,光电流不可能降为零,而且暗电流和本底电流都随外加电压的变化而变化,因此影响测量结果。

(3)反向电流。在制作光电阴极时,阳极上也会溅射有光阴极材料,故光射到阳极上(或由阴极漫反射到阳极上)时,也会产生光电子,形成阳极光电流,称为反向电流。

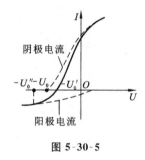

图 5-30-5

由于以上原因,实测光电管的 I-U 曲线将如图 5-30-5 中实线所示。由图 5-30-5 可见,当 $U=-U_0'$ 时,阴极电流(包括暗电流、本底电流与光电子流)正好等于阳极电流(即反向电流),故光电管总输出电流为零。当 $U>-U_0'$ 时,随着外加电压增加,阴极电流迅速上升,它在总电流中占绝对优势,故 I-U 曲线逐步接近光电管的理想曲线;当 $U<-U_0'$ 时,阳极电流逐渐占优势并趋于饱和。显然阳极电流越小,阴极电流上升得越快,$-U_0'$ 越接近 $-U_0$。用 $-U_0'$ 代替 $-U_0$ 的方法叫交点法。此外,某些光电管的阳极电流较为缓慢地达到饱和,当减速电压达到 $-U_0$ 时,阳极电流仍未饱和,故反向电流开始饱和时的拐点电位 $-U_0''$ 也不等于 $-U_0$。反向电流越容易饱和,$-U_0''$ 越接近 $-U_0$。用 $-U_0''$ 代替 $-U_0$ 的方法叫拐点法。总之,不论采取什么方法,均存在不同程度的系统误差。究竟用哪种方法,应根据实验所用的光电管而定。

本实验中所用的光电管正向电流上升很快,反向电流很小,$-U_0'$ 比 $-U_0''$ 更接近 $-U_0$,故用交点法确定截止电压 U_0。

【实验步骤】

1. 测试前准备

(1)用遮光盖盖上汞灯及光电管暗箱;检查测试仪电压输出端与光电管暗箱电压输入端是否用专用连接线连接好;将测试仪接通电源、预热;点亮汞灯。汞灯一旦开启,不要随意关闭。

(2)仪器在充分预热后(20 min),进行测试前调零,将"电流量程"选择开关置于所选挡位,旋转"调零"旋钮,使电流指示为"000.0"。

（3）用专用电缆将光电管暗箱电流输出端与测试仪输入端连接。

2．测量光电管的伏安特性曲线

（1）除去遮光盖,选择直径为 4 mm 的光阑和波长为 546.1 nm 的滤色片;将电压选择键置于"−2～+30 V"挡,将"电流量程"选择开关置于"10^{-11} A"挡。

（2）从 −2 V 开始从低到高调节电压,每隔 1 V 记一次相对应的电压和电流值,将数据填入表 5-30-1。

（3）换上直径为 8 mm 的光阑,重复（2）,将数据填入表 5-30-1。

（4）用表 5-30-1 的数据作出对应于波长 546.1 nm 及不同光强的伏安特性曲线。

表 5-30-1

546.1 nm 光阑 4 mm	U_{AK}/V								
	$I/(\times 10^{-11}$ A$)$								
546.1 nm 光阑 8 mm	U_{AK}/V								
	$I/(\times 10^{-11}$ A$)$								

3．通过截止电压测定 U_0-ν 曲线并确定普朗克常数 h

（1）将电压选择键置于"−2～+2 V"挡,将"电流量程"选择开关置于"10^{-12} A"挡;将测试仪电流输入电缆断开,调零后重新接上;选择直径为 4 mm 的光阑及波长为 365.0 nm 的滤色片,并装在光电管暗箱光输入口处。

（2）从 −2 V 开始从低到高调节电压,当电流为零时,记录该波长对应的 U_0,并将数据记于表 5-30-2。

（3）依次换上波长为 404.7 nm、435.8 nm、546.1 nm、578.0 nm 的滤色片,重复以上测量步骤,记录相应的 U_0,填入表 5-30-2。

（4）在坐标纸上作 U_0-ν 曲线,由图求出直线斜率 k,再由 k 计算 h,并将 h 与公认值 h_0 比较,求出相对误差（$e=1.602\times10^{-19}$ C,$h_0=6.626\times10^{-34}$ J·s）。

表 5-30-2

光阑 $\phi=$ _____ mm

波光 λ/nm	365.0	404.7	435.8	546.1	578.0
频率 ν/$\times10^{14}$ Hz	8.216	7.410	6.882	5.492	5.196
截止电压 U_0/V					

【注意事项】

（1）光电管不使用时,要断掉施加在光电管阳极与阴极间的电压,禁止用光并防止意外的光线照射。

（2）汞灯关闭后,不要立即开启电源,必须待灯丝冷却后再开启,否则会影响汞灯的寿命。

（3）滤色片要保持清洁,禁止用手摸光学面。

【习题】

1．试解释伏安特性曲线的饱和部分、光电流逐渐减小部分及截止电位形成的原因。

2. 试说明图 5-30-3 中各曲线斜率为什么相同?

3. 光电管一般都用逸出功小的金属作阴极,用逸出功大的金属作阳极,为什么?

实验三十一　全息照相

全息照相是一种能记录并再现被摄物体光波全部信息的新技术。虽然它的基本原理早在 1948 年由加博尔提出,但是直到 20 世纪 60 年代激光问世以及利思等人发明离轴全息图以后,全息技术的发展才日新月异。目前,全息技术已被广泛应用于精密计量、无损检测、信息存储及处理、遥感技术和生物医学等方面。全息技术不仅可用于可见光波,也可用于红外、超声、微波、X 射线、β 射线等领域。

本实验将通过对光学全息图的拍摄和再现观察,介绍全息照相的基本原理、主要特征及操作要领。

【实验目的】

(1) 了解全息照相的基本原理。

(2) 掌握全息照相的基本实验方法。

【实验仪器】

全息台及支架附件、He-Ne 激光器、快门及曝光定时器、分束器一片、反射镜两片、扩束透镜两片、激光功率指示计(或光电池及光点检流计)、被摄物体、全息干板、暗房冲洗设备。

【实验原理】

普通照相通过透镜成像,仅仅记录了物体光波的振幅(或强度)分布,得到的是物体的二维平面像。全息照相不同,它利用一束参考光与物光产生干涉,以干涉条纹的形式把物光的全部信息(振幅和相位)记录下来。当用与记录时的参考光完全相同的光以同样的角度照射全息图时,透过全息图就能在原来放置物体的地方看到与原物一模一样的三维立体像。这种将物体光波的全部信息同时记录并再现的技术称为全息照相。

1. 全息图的记录与再现

1) 记录

由于感光介质对光的强弱很敏感,而对光的相位毫无反应,所以必须将相位的变化转变为强度的变化,这就需要利用光的干涉原理,使物体光波与另一列相干光波叠加,产生干涉条纹,并用感光板记录这些干涉条纹。图5-31-1所示是全息照相的基本光路。

从激光器 S 射出的激光束经分束器 N 分为两束,一束经反射镜 M₁ 反射并扩束后照射在物体 O 上,物体 O 的漫射光(即物光)射到感光板 H 上;另一束作为参考光,经反射镜 M₂ 反射并扩束后直接射到 H 上。两光光程近似相等,且符合相干条件,故在 H 的平面相遇产生一组稳定的干涉条纹。干涉条纹的形状、间距等几何特征反映了物光波的相位分布,可见度反映了物光波的振幅分布。所以即使是对同一参考光波,不同的物光波也将产生不同的干涉图样。感光板经曝光和暗室处理后所记录的干涉图样,就称为全息图。下面是全息记录的数学描述。

如图 5-31-2 所示,设 xy 平面为感光板 H 平面,O 表示物光的一个点光源,R 表示参考光的点光源,它们在 H 平面上任一点 (x, y) 的复振幅分别为

$$O(x, y) = A_0(x, y) \exp[i\varphi_0(x, y)]$$
$$R(x, y) = A_r(x, y) \exp[i\varphi_r(x, y)]$$

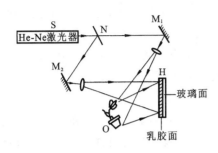

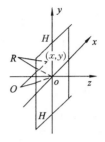

图 5-31-1   图 5-31-2

两光波叠加后,(x, y) 点的强度为

$$\begin{aligned}
I(x, y) &= |O(x, y) + R(x, y)|^2 \\
&= |O(x, y)|^2 + |R(x, y)|^2 + O(x, y)R^*(x, y) + O^*(x, y)R(x, y) \\
&= A_0^2 + A_r^2 + A_0 A_r \exp[i(\varphi_0 - \varphi_r)] + A_0 A_r \exp[-i(\varphi_0 - \varphi_r)]
\end{aligned} \quad (5\text{-}31\text{-}1)$$

式(5-31-1)右边第一项和第二项为物光和参考光的光强,对 H 上任一点 (x, y),这两项为常数;第三项和第四项为干涉项,反映了两相干光的振幅和相对相位的关系。可见,在底片上,干涉图样将物光波的振幅和位相两种信息全部记录下来了。

若感光板的曝光和显影都控制在记录介质的 t-H 曲线(振幅透过率 t 随曝光量 H 变化的关系)的线性部分,则感光板上各点的振幅透过率 $t(x, y)$ 与光强 $I(x, y)$ 成线性关系,即

$$t(x, y) = t_0 + \beta I(x, y) \quad (5\text{-}31\text{-}2)$$

式中,t_0、β 为常数,其中 β 是 t-H 曲线线性部分的斜率。

对于负片,$\beta < 0$,如图 5-31-3 所示。

2)再现

为了重现物光波,一般用与参考光波相似的光照射全息图。设再现光波复振幅为

$$c(x, y) = A_c(x, y) \exp[i\Phi_c(x, y)]$$

则透过全息图中的复振幅分布为

$$u(x, y) = c(x, y)t(x, y) = u_1(x, y) + u_2(x, y) + u_3(x, y) + u_4(x, y) \quad (5\text{-}31\text{-}3)$$

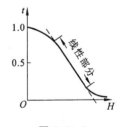

图 5-31-3

式中,

$$u_1(x, y) = t_0 A_c \exp(i\varphi_c)$$
$$u_2(x, y) = \beta(A_0^2 + A_r^2) \cdot A_c \exp(i\varphi_c)$$
$$u_3(x, y) = \beta A_c A_r \exp[i(\varphi_c - \varphi_r)] \cdot A_0 \exp(i\varphi_0)$$
$$u_4(x, y) = \beta A_c A_r \exp[i(\varphi_c + \varphi_r)] \cdot A_0 \exp(-i\varphi_0)$$

以上讨论表明,全息图相当于一个复杂的衍射光栅。再现光波经全息图后,透射光包含三个不同的部分,如图 5-31-4 所示。式(5-31-3)右边的第一项和第二项与再现光波只差一个常

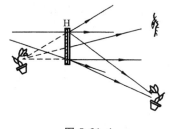

图 5-31-4

系数,所产生的光波称为直射光和 0 级衍射波;第三项和第四项所产生的光波在 0 级衍射波的两侧,称为 +1 级和 -1 级衍射波,当取再现的光波与参考光波相同(即 $c(x,y)=R(x,y)$)时,+1 级衍射波准确地再现了原来的物光波(只是振幅大小有变化),这是一发散波,它在全息图后面形成了与物体完全相同的虚像,称原始像。-1 级衍射波包含了物光的共轭波,它是一束会聚波,会聚点就是实像的位置。一般来说,实像有畸变。若要得到无畸变的实像,需要用一束与参考光波共轭的再现光波照射全息图。

2. 反射全息照相

记录全息图时,使相干的物光和参考光从记录介质的两边入射,如图 5-31-5 所示,就可获得用非相干白光照明再现的全息像。这个像的再现过程完全是通过记录的全息图的反射,而不是通过全息图的透射,故称反射全息照相。图 5-31-1 所示的全息记录可称为透射全息照相。

白光反射全息图主要利用了布拉格衍射效应和照相底片的厚乳胶。当物光和参考光的夹角 θ 接近 180° 时,两光波的相干叠加所形成的干涉条纹实际上是一些峰值强度面,经显影处理后,在峰值强度面上形成高密度的银层,其作用相当于一些反射平面(角 θ 的等分面),这些平面近似平行于乳胶层表面,各反射平面的间距 d 约为 $\lambda/2$(λ 为记录光波波长)。

用厚乳剂制成的反射全息图,对于光的衍射作用与三维光栅的衍射相同,如图 5-31-6 所示。若再现光波以与银层成 ψ 角方向照明全息图,则一部分光被银层散射,一部分光从银层透过,各峰值强度面层所散射的光相干叠加,出现衍射极大值。

当满足反射定律($\psi=\psi'$)时,同一面层的散射光是同相相加的;不同面层之间的散射光需要满足光栅方程。由图 5-31-6 可知

$$2d\sin\psi=\lambda \tag{5-31-4}$$

这就是反射全息图再现的条件,也称为布拉格条件。

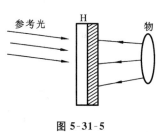

图 5-31-5

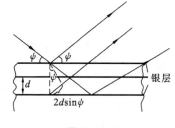

图 5-31-6

如果用白光照明全息图,则只有满足布拉格条件的那种波长的光有衍射极大值。因而,再现的像是单色的,再现像的颜色应该与记录时光波的颜色相同,但实际上反射的波长比记录的波长要短些,如用 He-Ne 激光记录的反射全息图,用白光照明的再现像往往呈绿色。这是由于显彰与定影处理后乳胶收缩引起的。为了保持原波长,必须防止这种收缩。

图 5-31-7 所示是用一束光记录反射全息图的装置图,扩束后的激光束从感光板 H 的背面入射,作为参考光,透过感光板的光束照射到被摄物体上,由被摄物体漫射回来的光作为物光照射到 H 上。物光、参考光之间的夹角近似 180°。被摄物体应该是表面漫反射强的首饰、纪念章之类,拍摄时物和感光板尽量靠近些。

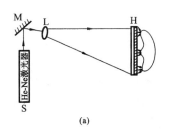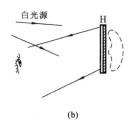

(a)   (b)

图 5-31-7

【实验步骤】

1. 透射全息图的记录与再现

1）布置光路

在全息台上按图 5-31-1 布置光路,并做以下调节。

(1) 调节各元件的高度及倾斜度,以保证各激光束构成的平面平行于全息台面。

(2) 物光与参考光光程大致相等。

(3) 物光与参考光的夹角为 30°～45°。

(4) 物光与参考光的光强比为 1∶1～1∶5(可用激光功率指示计在全息干板位置测量或用白屏放在干板位置进行目测)。

2）曝光与冲洗

(1) 根据所测全息干板处的总光强,定出曝光时间,调好曝光定时器,关上照明灯,关闭快门遮断激光。将全息干板安放在干板架上,并注意使乳剂面向着被摄物体,稍等 1～2 min,待整个系统稳定后即可曝光。

(2) 冲洗全息片的方法基本上和冲洗普通照相底片一样。本实验采用天津Ⅰ型全息干板、D-19 显影液、F-5 定影液。显影温度为 18～20 ℃,显影时间为 2～3 min,定影时间为 5～10 min,最后水洗、晾干。

3）再现

(1) 将扩束后的激光以与参考光相同的角度照射全息图(可将全息图放在记录时的位置上,进行观察),透过全息图朝原来放置物体的方向看去,就可看到物体的虚像。注意:当上下、左右慢慢移动你的头部(即改变观察位置)时,虚像有什么不同(图像的透视是否改变,不同部分的视差效应是否明显)?

(2) 平移全息图,使其靠近或远离光源,观察虚像的位置、大小有何变化。

(3) 在黑纸屏上开一个直径约 1 cm 的小孔,一边在全息图上移动这个孔,一边通过孔观察,全息图的每一部分是否都能再现物体的完整像? 当被利用的全息图面积减小时,像的分辨率是否改变? 为什么?

(4) 用白光点光源代替激光,全息图能否再现虚像? 在光源前分别加上红色滤光片和蓝色滤光片再进行观察,结果会怎样? 试比较由激光再现的像与由非相干光源再现的像的差别。

(5) 用参考光的共轭光或未扩束的激光束照射全息图(干板的玻璃面朝向入射光),用毛玻璃屏接收再现实像。当屏与全息图距离不同时,屏上所截得的像的大小和清晰度也不同,只有像质量佳的位置,才是实像的位置。

2. 反射全息图的记录和再现

(1) 照图 5-31-7 布置光路。把被摄物体固定在带有干板架的载物台上,将被摄物体靠近全息干板的位置放置,让扩束后的激光均匀照明物体。

(2) 关闭快门遮断激光,将全息干板安放在干板架上,乳剂面朝向被摄物体,激光束从全息干板的玻璃面入射。稳定 1～2 min 后,用曝光定时器控制快门曝光,曝光时间几秒钟。

(3) 冲洗。方法与前面相同。晾干后即得一张反射全息图。

(4) 用白光照射全息图,观察物体的虚像和实像。

【习题】

1. 全息照相与普通照相有什么不同? 拍摄全息图,应具备哪些实验条件?

2. 怎样通过全息图再现物体不畸变的实像? 请画图表示。

实验三十二 半导体热敏电阻的温度特性研究 ▌▌▌▌▌▌▌

【实验目的】

(1) 认识热敏电阻的温度特性(NTC)及其应用。

(2) 设计并测量热敏电阻的温度特性曲线。

(3) 掌握玻璃管温度计和热电偶的测温原理。

【实验设备】

MF51 热敏电阻、玻璃管温度计(−10～200 ℃)、热电偶与温度信号处理装置、数字万用表、宽口保温杯,电热水壶、制冰机等。

本实验建议:①采用在保温杯内控制冰块、开水量,确定温度;②采用热电偶测温;③使用直流电桥测量电阻。

【实验原理】

1. 热敏电阻及其温度特性

热敏电阻是一类对温度变化非常敏感的电阻元件。它能反映出温度的微小变化,因而在测温技术、自动化和遥控等方面得到了广泛的应用。

在工作温度范围内,电阻值随温度上升而增大的热敏电阻,称为"正温度系数"(PTC)热敏电阻,一般金属(如金、镍、铋等)热敏电阻具有 PTC 特性;电阻值随温度上升而下降的热敏电阻,称为"负温度系数"(NTC)热敏电阻。有些金属氧化物半导体(如氧化锰、氧化镍、氧化钴等)具有非常显著的 NTC 特征。半导体热敏电阻元件就是两种以上金属氧化物材料进行充分混合、成型、烧结等工艺制备而成的。图 5-32-1 显示了 PTC 与 NTC 的区别。

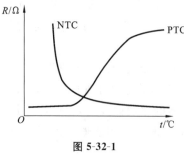

图 5-32-1

理论和实验均表明,半导体热敏电阻的电阻 R_T 和绝对

温度 T 的关系式可表示为

$$R_T = Ae^{\frac{B}{T}} \tag{5-32-1}$$

对于确定的半导体电阻元件,其中 A、B 均为常数,它们与半导体材料的性质、元件尺寸有关,可通过实验测量计算出。

对式(5-32-1)两边取对数,便得到直线方程:

$$\ln R_T = \ln A + B \cdot \frac{1}{T} \tag{5-32-2}$$

也可写成:

$$y = a + bx \tag{5-32-3}$$

可知,作 $\ln R_T$-$\frac{1}{T}$ 曲线,其斜率就是 B,与纵坐标的截距便是 $\ln A$。也可通过实验数据带入公式,联立求解。

2. 热电偶温度计

热电偶(thermocouple)是一种感温元件,它直接测量温度,把温度信号转换成热电动势信号,再通过电气仪表(或电子电路)将热电动势转换成可直接读取的被测介质的温度。

热电偶测温的基本原理是:两种不同材质导体组成回路(见图 5-32-2),当两端存在温度差时,两端便出现热电动势(温差电动势),回路中就会有电流(μA 量级)。这就是所谓的塞贝克效应。

图 5-32-2

两种不同的匀质导体称为热电极,温度较高的一端为测量端(工作测温端),温度较低的一端为参考端(自由端),自由端通常处在某确定温度下。根据热电动势与温度的关系,便可制作出热电偶分度表。

在热电偶回路中接入第三种金属材料时,只要该段材料的两端温度相同,则热电偶回路的热电动势保持不变,即不受第三种金属材料的影响。

热电偶温度计具有结构简单、测温精度高、测温范围广、使用方便等众多优点,特别是没有时间延迟,适合测定变温状态下的温度,在工业生产和科学研究中得到了广泛的应用,本实验建议采用热电偶测温。

3. 直流电桥测电阻(选做)

惠斯通电桥原理电路如图 5-32-3 所示。四个电阻 R_1、R_2、R_0、R_x 称为电桥的四个臂,连接 B、D 间的检流计便是"桥"。R_1、R_2 为比例臂,比例 $\frac{R_1}{R_2}$ 可根据实际情况选取,比较臂 R_0 由四位电阻箱构成,可调节。当 B、D 两点等电位时,电桥平衡,检流计中没电流,此时,电路的四个电阻满足:

$$R_x = \frac{R_1}{R_2} R_0 \tag{5-32-4}$$

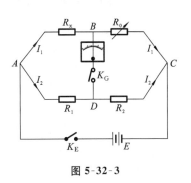

图 5-32-3

使用电桥测电阻时,事先将检流计调零,把待测电阻 R_x

接入电桥,根据阻值的大小范围,选择比例值。测量时,先按住开关"B",再短按开关"G",此时观察检流计的偏转方向;反复调节 R_0(从高位到低位),使检流计指零。最后由 R_0 的值和比例,得到 R_x 结果。

【实验内容与步骤】

(1)检查保温杯盖上的热敏电阻管脚、热电偶的工作测温端是否正常插入。

向保温杯内加入约 50 mL 的自来水,并将插有元件的杯盖盖上(注意:只能旋转杯体,不能旋转杯盖)。

(2)打开热电偶测温仪的电源,记录温度(按热力学温度记);并调节直流电桥(比例选×1,标准电阻的初始值选 2 200 Ω),也可使用数字万用表测量热敏电阻的值。将测得的温度和电阻值记入表 5-32-1 中。

(3)向保温杯内加入适量的开水或冰块(以每次升降温 10 ℃左右为准),盖上杯盖,待杯子内温度达到新的平衡后(需 3 分钟以上),记录温度,再测量电阻。

(4)反复向杯内加开水,以每次升降温 10 ℃左右的温度间隔,测量 6～7 个数据点。

表 5-32-1

T/K							
R_T/Ω							

【数据处理与结果分析】

(1)计算材料常数 A、B。方法是:由两组(认为误差最小的)数据分别带入式(5-32-1),联立求得。建议使用室温和最高温下的两组数据。

(2)作出 R_T-T 曲线(按趋势平滑连接)。

(3)将表 5-32-1 转换成表 5-32-2(用于判断 R 随 T 的关系是否为指数规律),并作 $\ln R_T$-$\frac{B}{T}$ 曲线。

表 5-32-2

B/T							
$\ln R_T$							

(4)实验结果归纳,主要的误差来源及减小误差的措施。

(5)实验的收获与体会,并指出该实验的设计建议。

附录 A 基本常数表

量	符号	数值	单位	相对不确定度/10^{-6}
真空中光速	c	299 792 458	$m \cdot s^{-1}$	（精确）
真空磁导率	μ_0	$4\pi \times 10^{-7}$	$N \cdot A^{-2}$	（精确）
真空电容率	ε_0	$1/(\mu_0 c^2) = 8.854\ 187\ 817\cdots$	$10^{-12}\ F \cdot m^{-1}$	（精确）
牛顿引力常数	G	6.672 59(85)	$10^{-11}\ m^3 \cdot kg^{-1} \cdot s^{-2}$	128
普朗克常数	h	6.626 075 5(40)	$10^{-34}\ J \cdot s$	0.60
以 eV 为单位	$h/\{e\}$	4.135 669 2(12)	$10^{-15}\ eV \cdot s$	0.30
$h/(2\pi)$	$\hbar$	1.054 572 55(63)	$10^{-34}\ J \cdot s$	0.60
以 eV 为单位	$\hbar/\{e\}$	6.582 122 0(20)	$10^{-16}\ eV \cdot s$	0.30
基本电荷	e	1.602 177 33(49)	$10^{-19}\ C$	0.30
	e/h	2.417 988 36(72)	$10^{14}\ A \cdot J^{-1}$	0.30
磁通量子 $h/(2e)$	Φ_0	2.067 834 61(61)	$10^{-15}\ Wb$	0.30
约瑟夫森频率-电压比	$2e/h$	4.835 976 7(14)	$10^{14}\ Hz \cdot V^{-1}$	0.30
量子霍尔电导	e^2/h	3.874 046 14(17)	$10^{-5}\ A \cdot V^{-1}$	0.045
量子霍尔电阻 $h/e^2 = \frac{1}{2}\mu_0 c/\alpha$	R_H	25 812.805 6(12)	Ω	0.045
玻尔磁子 $e\hbar/(2m_e)$	μ_B	9.274 015 4(31)	$10^{-24}\ J \cdot T^{-1}$	0.34
以 eV 为单位	$\mu_B/\{e\}$	5.788 382 63(52)	$10^{-5}\ eV \cdot T^{-1}$	0.089
核磁子 $e\hbar/(2m_p)$	μ_N	5.050 786 6(17)	$10^{-27}\ J \cdot T^{-1}$	0.34
以 eV 为单位	$\mu_N/\{e\}$	3.152 451 66(28)	$10^{-8}\ eV \cdot T^{-1}$	0.089
精细结构常数 $\frac{1}{2}\mu_0 ce^2/h$	α	7.297 353 08(33)	10^{-3}	0.045
精细结构常数的倒数	α^{-1}	137. 035 989 5(61)		0.045
里德伯常数 $\frac{1}{2}m_e ca^2/h$	R_∞	10 973 731.534(13)	m^{-1}	0.001 2
以 Hz 为单位	$R_\infty c$	3.289 841 949 9(39)	$10^{15}\ Hz$	0.001 2
以 J 为单位	$R_\infty hc$	2.179 874 1(13)	$10^{-18}\ J$	0.60
以 eV 为单位	$R_\infty hc/\{e\}$	13.605 698 1(40)	eV	0.30
玻尔半径 $\alpha/4\pi R_\infty$	a_0	0.529 177 249(24)	$10^{-10}\ m$	0.045
电子质量	m_e	0.910 938 97(54)	$10^{-30}\ kg$	0.59
		5.485 799 03(13)	$10^{-4}\ u$	0.023

续表

量	符号	数值	单位	相对不确定度/10^{-6}
以 eV 为单位	$m_e c^2/\{e\}$	0.510 999 06(15)	MeV	0.30
电子荷质比	$-e/m_e$	$-1.758 819 62(53)$	10^{10} C·kg^{-1}	0.30
电子磁矩	μ_e	9.284 770 1(31)	10^{-24} J·T^{-1}	0.34
以玻尔磁子为单位	μ_e/μ_B	1.001 159 652 193(10)		1×10^{-5}
以核磁子为单位	μ_e/μ_N	1 838.282 000(37)		0.020
电子磁矩异常 μ_e/μ_B-1	a_e	1.159 652 193(10)	10^{-3}	0.008 6
电子 g 因子 $2(1+a_e)$	g_e	2.002 319 304 386(20)		1×10^{-5}
质子质量	m_p	1.672 623 1(10)	10^{-27} kg	0.59
		1.007 276 470(12)	u	0.012
以 eV 为单位	$m_p c^2/\{e\}$	938.272 31(28)	MeV	0.30
质子-电子质量比	m_p/m_e	1 836.152 170 1(37)		0.020
质子荷质比	e/m_p	95 788 309(29)	C·kg^{-1}	0.30
质子磁矩	μ_p	1.410 607 61(47)	10^{-26} J·T^{-1}	0.34
以玻尔磁子为单位	μ_p/μ_B	1 521 032 202(15)	10^{-3}	0.010
以核磁子为单位	μ_p/μ_N	2.792 847 386(63)		0.023
质子旋磁比	γ_p	26 752.212 8(81)	10^4 s^{-1}·T^{-1}	0.30
	$\gamma_p/(2\pi)$	42.577 469(13)	MHz·T^{-1}	0.30
中子质量	m_n	1.674 928 6(10)	10^{-27} kg	0.59
		1.008 664 904(14)	u	0.014
以 eV 为单位	$m_n c^2/\{e\}$	939.565 63(28)	MeV	0.30
中子-电子质量比	m_n/m_e	1 838.683 662(40)		0.022
中子-质子质量比	m_n/m_p	1.001 378 404(9)		0.009
中子磁矩(标量大小)	μ_n	0.966 237 07(40)	10^{-26} J·T^{-1}	0.41
以玻尔磁子为单位	μ_n/μ_B	1 041 875 63(25)	10^{-3}	0.24
以核磁子为单位	μ_n/μ_N	1.913 042 75(45)		0.24
阿伏伽德罗常数	N_A,L	6.022 136 7(36)	10^{23} mol^{-1}	0.59
法拉第常数	F	96 485.309(29)	C·mol^{-1}	0.30
气体常数	R	8.314 510(70)	J·mol^{-1}·K^{-1}	8.4
玻耳兹曼常数 R/N_A	k	1.380 658(12)	10^{-23} J·K^{-1}	8.5
以 eV 为单位	$k/\{e\}$	8.617 358(73)	10^{-5} eV·K^{-1}	8.4
斯特藩-玻尔兹曼常数 $(\pi^2/60)k^4/(\hbar^4 c^3)$	σ	5.670 51(19)	10^{-8} W·m^{-2}·K^{-4}	34